绿色低碳理念下的创新包装设计与应用

魏风军 著

北 京

冶 金 工 业 出 版 社

2018

内 容 简 介

本书详细介绍了绿色低碳理念下的创新包装设计与应用，全书共分 7 章，包括绿色包装设计内涵与可持续发展、包装设计的历史沿革与发展趋势、绿色包装设计的特征表现与规律分析、包装设计的基本程序及其策略分析、低碳理念下的创新包装结构设计与材质定位、绿色包装的生命周期与评价标准、各类创新包装设计应用与实践等。

本书可供包装设计领域的工程技术人员、研究人员和管理人员阅读，也可供高等院校有关专业师生参考。

图书在版编目（CIP）数据

绿色低碳理念下的创新包装设计与应用/魏风军著 . —北京：冶金工业出版社，2018.10
ISBN 978-7-5024-7931-2

Ⅰ. ①绿⋯　Ⅱ. ①魏⋯　Ⅲ. ①绿色包装—包装设计—研究
Ⅳ. ①TB482

中国版本图书馆 CIP 数据核字（2018）第 243101 号

出 版 人　谭学余
地　　　址　北京市东城区嵩祝院北巷 39 号　邮编　100009　电话　（010）64027926
网　　　址　www.cnmip.com.cn　电子信箱　yjcbs@cnmip.com.cn
责任编辑　俞跃春　贾怡雯　美术编辑　彭子赫　版式设计　孙跃红
责任校对　石　静　责任印制　牛晓波
ISBN 978-7-5024-7931-2
冶金工业出版社出版发行；各地新华书店经销；北京建宏印刷有限公司印刷
2018 年 10 月第 1 版，2018 年 10 月第 1 次印刷
169mm×239mm；11.5 印张；222 千字；172 页
69.00 元
冶金工业出版社　投稿电话　（010）64027932　投稿信箱　tougao@cnmip.com.cn
冶金工业出版社营销中心　电话　（010）64044283　传真　（010）64027893
冶金书店　地址　北京市东四西大街 46 号（100010）　电话　（010）65289081（兼传真）
冶金工业出版社天猫旗舰店　yjgycbs.tmall.com
（本书如有印装质量问题，本社营销中心负责退换）

前　言

▶▶▶

随着全球化低碳革命的兴起和低碳经济的不断升温，低碳绿色包装设计作为一种新的设计理念，不仅是解决包装与环境问题的有效途径，也是治理包装废弃物污染和白色垃圾的有效对策。正是在这种背景下，低碳绿色包装设计逐渐成为包装行业发展的新热点。

当前世界各行业的发展都要求重视环境保护、资源回收，包装行业也必须走绿色包装、可持续发展的道路，才能符合人类社会发展对环境的要求。基于可持续发展的战略思想，包装已逐步从商品承载、保护、运输、储藏，扩展到设计、生产、流通、消费和废弃物资源再生的全流程；同时，面对新的设计对象的变化，包装设计必须有新的设计策略与方法与之相适应，不能只考虑满足功能的需要、视觉审美效果和市场购买力，还必须考虑环境的因素。

鉴于此，作者撰写了本书。本书共分 7 章：第 1 章以绿色包装设计内涵及其可持续发展为切入点，阐述绿色包装设计的分类、绿色包装时代下的人文主义设计理念和绿色低碳包装设计的国内外研究现状；第 2 章是对包装设计的历史梳理，并进一步探讨未来的发展趋势；第 3 章主要分析绿色包装设计的特征表现与规律；第 4 章是对包装设计的基本程序及策略研究，同时阐述了包装设计的功能与价值体现；第 5 章对低碳理念下的创新包装的结构设计与材质构成定位进行分析，诠释包装容器的造型设计以及纸箱纸盒包装的成型与结构；第 6 章为绿色包装的生命周期与评价标准；第 7 章作为最后一章，对各类包装设计应用与实践等进行论述。

　　在本书撰写过程中，作者一方面参阅了大量包装设计的最新书刊资料，具体已在参考文献中体现，并在此表示感谢；另一方面引入了作者本人在创新包装材料、创新包装结构设计中的诸多真实案例，期望得到业界有关专家教授的具体指导。

　　因作者水平有限，书中不足之处，恳请同行和读者批评指正。

作　者

2018 年 5 月

目　录

1 绿色包装设计内涵与可持续发展

>>>

　　绿色包装设计作为一种基本的文化形态，既涵盖时代性特点，又包含民族性特点，尤其是近些年以来，随着各种包装垃圾的出现，环境开始承受更大的压力，环境问题已经成为现阶段社会发展过程中需要首要解决的问题，因此绿色包装设计理念也逐渐成为未来包装设计的重要发展方向。本章从绿色包装的内涵与政策分析入手，阐述了包装工业与可持续发展、绿色包装设计的分类以及绿色包装时代下的人文主义设计理念，并进一步分析了国内外绿色低碳包装设计研究现状和存在的问题。

1.1 绿色包装的内涵与政策分析

1.1.1 绿色包装的含义界定

　　绿色包装（green package）发源于 1987 年联合国环境与发展委员会发表的《我们共同的未来》（our common future）中，绿色包装是社会效益与经济效益的统一。绿色包装的定义：对生态环境不造成污染，对人体健康不造成危害，用料节省，用后利于回收再利用并且填埋时易于降解的符合可持续发展要求的一种环保型包装。

　　国际上要求绿色包装符合 4R+1D 原则，即 reduce（减量化）、reuse（能重复使用）、recycle（能回收利用）、refill（能再填充使用）和 degradable（能降解腐化）。目前，建立绿色包装体系已成为世界贸易组织的要求，它日益成为消除贸易壁垒的重要途径之一。

　　（1）Reduce（减量化）包装材料。Reduce（减量化）包装材料是指在保障包装功能的前提下，尽可能减少材料的用量以减少包装废弃物量。在包装设计上应遵循适度原则。欧美等国将包装减量化列为发展无害包装的首选措施。

　　（2）Reuse（能重复使用）包装材料。将包装的材料进行重复性利用，有利于节约资源，减少废弃物。尽量选用可循环使用的包装材料，并且提高包装材料的回收度。使用玻璃瓶等再用型包装来包装饮料或者醋等液体商品，包装可以再次利用。

　　（3）Recycle（能回收利用）包装材料。优先选用可回收再生材料，以提高资源利用率。对废弃物进行回收，将其转化为再生制品，或在土壤中堆肥，或焚烧产生热能等，进行资源的再利用。一方面能够保护环境，另一方面还能循环利用资源。

（4）Refill（能再填充使用）。重用和重新填装的包装可以提高产品包装的使用寿命，从而减少废弃物对环境的影响。

（5）Degradable（能降解腐化）。选用易降解的材料，使材料在紫外线、土壤或者微生物的作用下，进行自然分解，以无污染的形式重归大自然。目前工业较发达的国家都十分看重使用能被降解的材料。

1.1.2　绿色包装的内涵

绿色包装的内涵必须要体现出可持续发展的理念，一方面要有商品包装的基本性质，即利于运输销售以及保护等；另一方面还要能够节约资源、保护环境以及安全卫生。

（1）安全卫生。该性能的含义是包装的材料一定要和安全标准相符合，不能使用对人体有害的材料。商品不一样，其安全方面的标准也有一定的区别。特别是食品以及药品等对于安全以及卫生的要求都有特殊严格的规定。

（2）环境保护。环境保护指包装对环境保护的适应性，即包装材料及其生产过程必须与环境保护的需要相适应（要求包装材料从原料获取开始，到包装材料的生产加工、使用以至使用以后废弃物处置的全过程，均对环境保护有良好的适应性，不对环境产生危害）。

（3）节约资源。节约资源主要指节约物资与能源，从深层次上讲，还有节约人力资源的问题。

人们的健康与安全、卫生之间的关系十分密切，节约资源以及保护环境的作用对整个人类社会的发展有着不可忽视的重要影响。

所以，一个商品的包装假如符合以上三项条件，那么其就是绿色包装。同样地，假如其并不完全具备或者是一样都不具备，那么其就不是绿色包装。

一项商品的包装要想被称为绿色包装，还要符合以下五个内涵特征：

（1）实行包装减量化，即用最小的材料用量来满足商品的包装，同时必须要兼顾包装的保护以及销售和方便等功能。

（2）包装的材料应该选用可回收或者是重复利用的。通过将其转化为再生制品，在土壤当中堆肥，以焚烧产生热能等方式，进行资源的再利用。

（3）包装应该选用能够被降解或者是能够自行腐化的材料，不会在自然界永久存在，给自然界造成永久性的污染。

（4）包装材料对人体和生物应无毒无害。包装应该使用无毒材料，或者，当不得不使用具有一定毒性的材料时，要严格控制其含量。

（5）在包装材料制造以及使用、回收当中的各个阶段都必须确保其对人体以及环境无害。

绿色包装的含义十分丰富,具体表现为容易重复、回收使用,节约能源资源,可降解腐化以及可循环使用等。绿色包装的内涵必将跟随科技的脚步不断丰富,不断发展和完善。

1.1.3 绿色包装的政策分析

随着人们对世界环境危机、资源危机认识的不断深化,可持续发展战略不断深入人心,一系列崇尚自然、保护环境的绿色产品相继出现,在世界范围内掀起了一股声势浩大的绿色浪潮。为了顺应绿色包装的发展趋势,以及推动其在全球范围的扩展,世界各国相继出现了对绿色包装的法律调控。

我国的包装工业经过 30 多年发展,虽然取得了一定的成绩,但是仍然不能和发达国家相比。这当中的短板主要体现在包装设备、包装技术以及设计理念等。

目前,对环保包装问题,随着国际环保组织标准的诞生,世界各国都在进行不断的改进。如新标准 ISO 14000 以及各类相关法律法规的颁布。ISO 14000 环境管理体系国际标准规定,每个国家都有权利拒绝进口不符合该标准的相关商品。当前我国符合该标准的商品种类还较少,在一定程度上还满足不了对外出口的需求。我国应严格执行国际标准,一方面这是改善商品包装的必由之路;另一方面也是为了更好地保护出口商品的权益,发展我国的对外贸易。当前最重要的就是要对国际标准进行研究,制定法律法规,将国际标准本地化,为我国企业制定国内标准,加快推进环保包装的规范和普及。

相比于国际上许多发达国家,我国目前在环保包装方面还有待提升和进步。首先从生产能力上来说,环保包装的生产能力还远远不能满足需求,在环保包装的研究工作当中,必须将重心放在其应用中。在人均包装材料消耗方面,美国是500 千克/年,紧随其后的是日本的 200 千克/年,其次是德国的 90 千克/年,我国的年人均包装材料的消耗量则是 30 千克/年。和上述这些国家相比,我国的年人均包装材料消耗量是比较小的,但我国的人口基数大,综合起来总的消耗量是惊人的。目前已有很多国家通过一系列的立法活动等对进口商品的包装材料进行规定或者是监督。

2009 年 12 月 10~11 日,国际标准化组织 ISO/TC122/SC4 包装与环境技术委员会在瑞典斯德哥尔摩召开了第一次全体大会。中国出口商品包装研究所作为ISO/TC122/SC4 中国国际秘书处和国内技术对口单位,以 P 成员身份出席了会议。ISO/TC122/SC4 包装与环境技术委员会由瑞典标准协会(SIS)和中国国家标准化管理委员会(SAC)共同承担联合秘书处工作,中国出口商品包装研究所承担中方联合秘书处工作。来自中国、瑞典、日本、韩国、美国、英国、德国、荷兰、比利时、法国、瑞士、西班牙、意大利、芬兰、丹麦 15 个国家的 70 多位代表出席了大会。

会议通过了《包装与环境 ISO 标准的使用要求》《包装与环境包装系统的优化》《包装重复使用》《包装材料循环利用》《包装能量回收》《包装化学回收》《包装有机回收》7 个国际标准提案，确定了主席的委任、联络组织的建立、工作组的设立和分工以及下次会议安排等工作，最终形成 12 项会议决议。关于工作组的设立问题，大会最终确定工作组（WG1）"包装与环境 ISO 标准的使用要求"由中国承担项目领导人和工作组召集人工作；工作组（WG3）"重复使用"由中国和韩国共同承担，中韩专家分别担任工作组召集人和项目领导人工作。大会针对中国在比利时会议上提出的在北京承办 2010 年 SC4 全体工作组会议的提案进行了讨论并由全体代表一致通过，确定 2010 年上半年在北京召开 ISO/TC122/SC4 全体工作组会议，SCA 大会也同期召开。会议于 2010 年 5 月 31 日~6 月 4 日召开，其中 6 月 1~4 日召开工作组会议和全体大会。世界包装大会、中国国际包装博览会和国际包装标准化论坛等活动同期举行。

大会对以欧盟协调标准和"环境意识包装亚洲指南"作为 ISO 标准制定的基础文件取得了一致的意见。欧洲包装与环境组织 EUROPEN 的代表也对国际社会所进行的关于包装与环境的一些相关活动进行了介绍，为与会代表搭建了一个更为广阔的信息平台。会议期间，中国和瑞典双方还针对联合秘书处具体工作的分工方案做了进一步协商，双方交换了意见，为今后更好地开展中瑞联合秘书处的工作打下了很好的合作基础。中方代表团还访问了瑞典标准协会（SIS）和 IN. NVENTIA 研发公司，分别听取了这两个组织的基本情况介绍，了解了瑞典标准协会（SIS）在标准化工作方面的发展进程和 IN. NVENTIA 研发公司在纸、环保材料、包装检测和研发等方面的工作；中方也向瑞方介绍了中国包装行业的发展以及我国包装与环境标准化工作的开展情况，增进了中瑞两国在环保标准化工作方面的了解、沟通和交流，为今后在包装与环境领域的合作奠定了基础。

当前，环境问题是世界各国共同关心的问题，因此相关的包装和包装废弃物的法律、法规、原则、工具和标准已成为国际社会研究的热点。

1.2　包装工业与可持续发展分析

从包装产品的整个生命周期看，包装对环境的污染和资源的消耗主要表现在以下几方面：

（1）包装过程中的污染。在包装生产过程中，企业排出的废气、废水造成大气和水体污染，一部分不能回收再生的包装材料以及包装工业产生的废渣与有害物质对周围环境及土壤造成危害。由于实行粗放式生产，所以包装工业在生产过程中大量排出"三废"，尤以纸包装的制浆造纸生产、金属包装的涂装及打磨工艺、玻璃包装的熔融成型、塑料包装的原料采掘最为严重。如我国造纸黑液70%没有得到处理对环境造成污染；某些金属桶涂装前的表面除油、除锈、磷化等工艺产生废水、废气、废渣，对人身及环境均造成污染。

（2）产品生命周期短。多数产品一次性使用后即成为废弃物，属于资源消耗性产品。

（3）随着人民消费水平的提高，包装废弃物在城市生活垃圾中所占比重越来越大。在工业发达国家，已在质量上占到 1/3，在体积上占到 1/2；在我国，质量上也已占 15%~20%，在体积上占到 30%，包装废弃物年产生量达到 0.4 亿吨。这种破坏出现在乡村、森林、沙滩、公园、街道和马路边等地方。在包装废弃物中，不可降解的塑料垃圾更是形成刺目的"白色污染"，对环境造成"视觉污染"和"潜在危害"。这些塑料垃圾通过环境介质——大气、水体和土壤，参与生态系统的物质循环和生物的食物链，对环境和人身具有潜在的、长期的危害性。

（4）大量的包装废弃物和城市生活垃圾填埋处置需要占地，欧美等国最初均在山谷和凹地建设填埋场处置垃圾，但是年复一年，可供填埋使用的土地越来越少，无法继续消化如此多的包装废弃物和城市生活垃圾。

（5）清洗多次使用的包装时造成对环境的污染。如由于清洗粉砖造成的潜在水污染等问题。

（6）包装生产过程中自然资源和原材料的消耗。世界人口数量接近 70 亿，平均每年增长大约 2%。有大约 30% 的人口生活在城镇（美国约为 70%）。毫无疑问，人口增长和持续城镇化趋势，将造成包装材料使用进一步增加。统计数据显示，任何工业社会能源消耗率总是比人口增加要更快些。

1.3 绿色包装设计的分类

1.3.1 绿色包装材料设计

包装是运用适当的材料塑造出一定的造型和结构来实现其包装功能的。因此，作为设计师，必须掌握主要包装材料的性能特点，并能够加以合理选择和充分利用。

现代包装材料的种类十分广泛，概括起来主要有四大类别：纸、塑料、金属和玻璃，它们被称为包装材料的"四大支柱"。其中，纸及纸板约占 30%，塑料约占 25%，金属约占 25%，玻璃约占 15%。

1.3.1.1 纸包装材料设计

在四大包装材料中，纸包装是一种使用最为广泛的包装，也是日常使用较多的绿色包装材料。尤其是最近这几年环保意识盛行更是使其受到人们的青睐，其在环保包装产业当中的地位也越来越高。目前，造纸工艺已经足够满足纸质包装的需求，环保纸质包装大多使用的是复合纸，特别是液体饮料或者是瓜子、花生等食品的包装盒很多都已经使用纸质环保包装。

纸材的功能和适用性已是今非昔比，以纸代木、以纸代塑、以纸代玻璃、以纸代金属，已成为可持续发展的共识。其中"充皮纸"就是以纸代皮的典型应用。充皮纸是世界流行的环保型包装纸张，纸张柔软，有皮质感觉，面层耐磨耐折。同时，纸包装设计突破了以往纸型包装的局限性，随着纸材料及其加工技术的不断发展，纸包装造型形态日趋多样，更具创意和表现力。

1.3.1.2　塑料包装材料设计

1907 年，比利时籍的美国化学家列奥·贝伊克兰德发明了真正的合成塑料。20 年后，这种材料广泛应用，它常常是绿色或稍暗的红色、蓝色或黑色。50 年后，具有可塑性的包装出现了，塑料用作包装材料是现代包装技术发展的重要标志。

对于设计师来说，这种可塑材料赋予了包装造型永无止境的创造性，为创新提供了广阔天地；对于消费者来说，各式的瓶形以及可挤压的特性同样带给他们以极大的愉悦和满足。

塑料自从 20 世纪初问世以来，已逐步发展成为经济的、使用非常广泛的一种包装材料，而且使用量逐年增加，应用领域不断扩大。塑料及其复合包装材料因原材料来源丰富、成本低廉、性能优良，成为近 40 年来世界上发展最快、用量巨大的包装材料。塑料包装材料大量取代玻璃、金属、纸类等传统包装材料，应用于食品、饮料、医药、保健品、奶制品、化妆品、洗涤用品等许多领域。

1.3.1.3　金属包装材料设计

金属包装主要是指用铁、铝等金属材料压延成的薄片制成的包装。马口铁皮（镀锡薄钢板）、镀铬薄钢板、铝板、铝箔是制罐行业用来制作金属包装容器的主要材料。

用金属罐作为包装的想法在 200 多年以前就诞生了。1795 年拿破仑为了军队远征的需要，出重金悬赏能够想出长时间保存食品方法的人，从此拉开了开发金属包装的序幕。

随着金属包装开发不断继续，制造业和食品的保存方法在 19 世纪进入了快速发展期。现代金属包装技术以 1810 年英国人彼得·杜兰德发明马口铁罐为标志，他按照法国阿佩尔发明的罐藏方法使用马口铁罐来盛装食品，并在英国获得了发明专利权，拉开了马口铁罐头时代的帷幕。

金属包装因其良好的密封性和鲜艳的图案，已成为制作各种包装容器的最主要材料之一，在食品、饮料、日化用品和家庭用品行业得到广泛应用。食品和饮料业已成为金属包装的最大市场，化工品、化妆品和药品行业均为金属包装的重要市场。金属包装材料在各个国家所占比重不同，在美国，纸类是最主要的包装材料，金属次之，占 1/4，在英国占 1/5；在德国、法国和日本，金属包装都占有超过 15% 的比重；而在我国，金属包装的占比达到了 20%。

1.3.2　绿色包装工艺设计

从印刷工程的角度看，印刷包括印前、印刷和印后三个工程环节。一件印刷品的完成，无论采用哪一种印刷方法，一般都要经过原稿的设计和处理、分色、制版、印刷、印后加工等过程。绿色包装工艺设计主要涉及印前工艺、印后加工工艺、特殊表面工艺三个方面。

1.3.2.1　印前工艺

"印前"即印刷之前的处理过程，印前工艺又称为"制版工艺"。随着计算机技术、激光照排技术等在印前工艺中的广泛应用，印前技术发生了翻天覆地的变化，其主要特征是以数字形式描述页面信息，以电子媒体或网络传递页面信息，以激光技术记录页面信息，并朝着高效化、一体化的方向发展。

印前工艺主要包括原稿设计与处理、分色、加网、制版等。

1.3.2.2　印后加工工艺

在印刷完成后，为了提高印刷品的美观性和特色，通常需要进行印后加工。印后加工是保证印刷品质量并实现增值的重要手段，对印刷品的最终形态和使用性能起着决定性的作用。

常见的包装印后加工工艺主要包括上光、覆膜、模切压痕、烫印、凹凸压印等。

1.3.2.3　特殊表面工艺

随着包装材料、印刷技术、表面处理工艺等技术的不断发展，以及个性化市场需求的增长，绿色包装设计也不再局限于传统的视觉传达设计，开始出现了一个新的设计趋势——"质感设计"（肌理设计），即在包装表面创造出特殊的肌理和立体感，在视觉美感之外，给消费者带来独特的触觉体验。

"肌理"又称"质感"，指物体表面的组织纹理结构，如高低不平、粗糙平滑等纹理变化。

包装肌理主要分为两类：（1）天然肌理，如木材、藤、竹、皮革、纺织品等的纹理；（2）人造肌理，即通过先进的工艺手法，对材料表面进行技术化和艺术化的处理，使其具有材料本身所没有的肌理特征。

在包装设计上，通过使用箔片、拉丝、抛光、折光、压花、阴刻、浮雕、烫金、凸字、激光雕刻、皮革镶嵌、编织、磨砂、植绒等特殊表面工艺，可创造出与众不同的特殊质感，显著提升包装的品质与档次。

1.3.3 绿色包装结构设计

包装结构设计的对象是包装形体各个部分之间相互联系、相互作用的技术方式，主要考虑的是技术因素和人机因素。这些方式不仅包括包装体各部分之间的关系（如包装瓶体与封闭物的啮合关系），还包括包装体与内包装物的作用关系、内包装与外包装的配合关系，以及包装系统与外界环境之间的关系。

包装结构设计与包装造型设计是相辅相成的，造型设计侧重艺术美感、陈列效果和心理效应，而结构设计更加侧重技术性、物理性的使用效应。包装结构伴随着新材料和新技术的进步而变化、发展，并达到更加合理、适用和新颖的效果。

常见的包装结构形式主要包括盒（箱）式结构、罐（桶）式结构、瓶式结构、袋式结构、管式结构、泡罩式结构等。

1.3.3.1 容器结构设计

瓶子是包装中最常见、应用最广泛的一种容器形式，其设计的重点通常是瓶形设计。瓶盖作为瓶子的小部件，在包装设计中经常被忽视。但是随着市场竞争愈演愈烈，食品和饮料公司要想使自己的产品在市场上立足，就必须考虑利用包装的每一部分来体现产品的差异化，而不仅仅是把包装作为一个大标签。

因此，除了瓶形的设计，瓶盖设计也开始逐渐被企业重视，成为吸引顾客的新亮点。

瓶盖主要起到保护密封、便于开启和重复密闭、便于倒出和使用、防伪防盗、传达信息、装饰美化等作用。瓶盖通过与瓶口的配合，紧固在瓶口上，为弹性内衬与瓶口的紧密接触，以及封合面提供必要的压力。瓶盖与弹性内衬配合，使弹性内衬得以固定和定位，能准确地与瓶口形成特定的配合关系。在进行瓶盖结构设计时，应满足瓶盖与瓶口、瓶口与内衬、内衬与瓶盖相互之间结构和尺寸配合的要求。

由于瓶子的形态和材料不同，以及瓶盖的功用不同，瓶盖的材料、形状、结构、开启方式也不尽相同。根据瓶盖的功用不同，主要分为四种类型：密封盖、方便盖、防伪防盗盖和儿童安全盖。

1.3.3.2 纸包装结构设计

纸包装的突出优点之一就是可以折叠，由于折叠纸盒大多数是由一张纸切压、折叠而成，所以呈现出来的造型也多为有棱角的各种棱柱体或圆柱体。

随着纸材料及其加工技术的不断发展，纸包装设计开始突破以往纸包装造型的局限性，形态日趋多样，更具创意表现力，主要的包装形式包括纸盒、纸箱、纸袋、纸罐、纸瓶和纸杯等。

1.3.4 绿色包装装潢设计

包装装潢设计是指运用美学法则和构成设计原理，将图形、色彩、文字、商标等要素进行总体编排构成的设计。它的作用在于美化和宣传商品，提升商品的艺术和商业价值。

包装装潢设计就其本质而言，是将商品的信息通过一定的形象或符号表现出来，传递给消费者，从而达到销售的目的。

包装装潢设计是表现在极为有限的方寸之地上的，且在销售过程中只能与消费者进行瞬时的接触，因此包装装潢设计必须突出主题和特色，采用醒目的色彩和图案，能够在非常短暂的时间内给消费者留下深刻的印象，这是由包装装潢的时空局限性决定的。

成功的包装装潢设计主要取决于两方面：一是能否有效地传达商品信息；二是传播信息是否生动活泼、引人注目。

包装装潢设计主要包括四个方面的内容：图形设计、文字设计、色彩设计和版式设计。

1.3.4.1 图形设计

A 常用手法

图形是最具表现力，也是最容易吸引消费者注目的设计要素，因此在包装设计中，多将图形作为主体形象进行设计。按图形的性质分为具象图形、抽象图形和装饰图形，按图形的制作手段则分为摄影图形、插图图形和计算机图形。可分别从以下的切入点，将其作为主体形象进行包装装潢设计。

（1）品牌标志。对于著名品牌的商品包装，利用标志形象作为视觉传达的主要图形是很有效的设计方法。因为标志既是一个商品身份的象征和质量的保证，又是商品与消费者之间的桥梁，在认牌购物的消费心理越来越趋向成熟的今天，突出品牌形象显得尤为重要。

（2）产品实物。该方法多用于自身形象悦目感人的，或需要让消费者直接见面的产品。可以非常直观地展示商品，有效传达商品信息，并增加消费者的信任感。

（3）原料形象。以生产原料为主体形象，可突出其原料的特性、产品口味和与众不同的香型。多见于饮料、果酱、调味品等食品包装，也有的化妆品、日化用品和药品包装采用此法。

（4）示意图。通过示意图对产品用途、作用机理、使用方法等做特别的表达，突出产品的功能特性，起到指导消费者的作用，多见于药品或是结构较为复杂、使用比较繁琐的产品。

（5）产地形象。该方法多用于具有地域特色的土特产、出口异国的产品，或历史悠久的传统产品。其往往采用产品原产地的风土人情、自然风光作为包装的主体形象，如葡萄酒、茶叶、咖啡、橄榄油等包装。

（6）消费对象。该方法多用于定位不同消费者的系列化产品，突出表达该产品的适用对象的年龄、身份、性别等，使消费者有亲近感和植入感，起到引导消费的作用。有的商品包装印上代言人的形象，利用明星效应，吸引消费者。

（7）具象形象。采用与产品相关的人物、风景、动物或植物等具象形象，作为包装的主体形象，可用来表现包装的内容物及属性。随着高清摄影技术的发展，具象形象变得更加逼真生动，易唤起消费者的好感。

（8）抽象形象。采用抽象的点、线、面等几何形纹样、色块或肌理效果构成画面也是包装装潢的主要表现手法。该类装潢手法简练醒目，具有现代形式美感，多用于写意的高档酒类、化妆品和礼品的包装。

（9）象征形象。该方法通过运用与产品内容相关的图形，以比喻、借喻、象征等表现手法，突出商品的特性和功效，多用于适合以感觉和感受来意会体验的产品。还有些商品本身的形态很难直接表现，只有运用象征的表现手法才能增强产品包装的形象特征和趣味性。与具象相比，象征形象易引发消费者的联想与想象，如有些饮料包装上运用冰山的形象，象征饮料的清澈、无污染的水质；或用流动的曲线来象征饮料的可口、爽口。

（10）插画形象。插画形象介于具象和抽象之间，是对具象的概括提炼，不苛求形态逼真，也不强调很高的艺术性，但非常讲究与环境协调和美化效果，是一种具有趣味性和生动性的特殊艺术形式。

插画最先是在 19 世纪初随着报刊、图书的变迁发展起来的，用以增加出版物的趣味性，使文字能更生动、更具象地活跃在读者的心中。它真正的黄金时代则是从 20 世纪五六十年代开始的，当时刚从美术作品中分离出来的插图明显带有绘画色彩，而从事插图的作者也多半是职业画家，以后又受到抽象表现主义画派的影响，从具象转变为抽象。

随着艺术的日益商品化和新的绘画材料及工具的出现，插画艺术进入商业化时代，其应用范围已不局限于报刊书籍，而是广泛应用到平面设计、服装设计和包装设计等领域。由于摄影技术和计算机辅助设计技术日臻成熟，原来手绘的插画基本被摄影和计算机制作取代。有的商品为了体现个性，或表现古朴自然的品质，采用插画风格进行包装设计。如图 1-1 所示。

图 1-1 沐浴护理用品 PURE 形象包装设计

（11）装饰纹样。装饰纹样通常指的是历史文化传承下来的、具有一定民族地域风格、起到装饰美化作用的图案。装饰纹样不仅仅是点线面、图形和色彩的组合，它的主题和寓意决定了纹样的气韵和文化内涵，这是其他的图形所不具备的。

我国装饰纹样有几千年的历史，积淀了许多精美的装饰纹样，如龙纹、凤纹、云纹、牡丹纹、如意纹、万字纹等，广泛应用于染织、家具、陶瓷、漆器、建筑等领域。除中国之外，埃及、希腊等文明古国也拥有自己独具特色的图案艺术作品。前人这些优秀的图案艺术作品给人美的享受，与人产生心与物的交流，其所蕴含的传统文化的氛围让人产生丰富的联想。

一些传统性很强的土特产品、文化用品的包装，利用具有传统特色和民族风格的装饰纹样作为包装的主要图形，既体现商品的传统文化性，又体现商品悠久的历史性和地域特色，并具有美好的寓意。如中国白酒、月饼、茶叶的包装，经常采用传统装饰的手法，有效地展示了中国的传统习俗和文化特征。也有些包装上采用装饰纹样，是为了增加包装画面的装饰感和美感，如化妆品包装。

装饰纹样按取材的不同可分为植物纹样、动物纹样、人物纹样、风景纹样和几何纹样；按组织的方式不同可分为单独纹样、适合纹样和连续纹样。

1）单独纹样是一个独立的装饰单元，与其他装饰单元没有联系，自身具有独立性和完整性，形式较为自由。按结构形式不同可分为对称式和均衡式。

2）适合纹样是具有一定外形限制的纹样，图案素材经过加工变化，组织在一定的轮廓线以内。外廓形可以是几何形，如圆形、半圆形、椭圆、三角形、方形、长方形、菱形、五角形、多边形等。

3）连续纹样是指以一个基本单位纹样为准，按照一定的格式，有规律地做重复循环排列，构成无限连续性的纹样，包括二方连续和四方连续。

①二方连续纹样又称为"花边纹样"，是以一个或几个单位纹样在两条平行线之间的带状平面上做有规律的排列，并以向上下或左右两个方向无限连续循环构成的带状纹样。二方连续的骨式（纹样的组织形式）有三种：散点式、波纹式和折线式。

二方连续纹样所具有的连续性、重复性、循环性特别适用于圆形边缘和圆柱形体的装饰，由于其丰富的构成形式，被广泛地运用于建筑中的墙边、门框、服装的饰带和装饰布的边缘以及商品包装的边饰等部位，所呈现出的起伏、虚实、轻重、大小、疏密、强弱的视觉效果，给人节奏美和韵律美。设计时要仔细推敲单位纹样中形象的穿插、大小错落、简繁对比、色彩呼应及连接点处的再加工。

②四方连续纹样是指单位纹样向上下左右四个方向反复连续循环排列所产生的纹样。按基本骨式变化，四方连续纹样主要有三种组织形式：散点式、连缀式和重叠式。这种纹样节奏均匀，韵律统一，整体感强。

由于它具有四个方向无限连续扩大的特点，因此适合于建筑壁纸图案设计、包装纸设计、花布设计、地板设计等方面。设计时要注意单位纹样之间连接后不能出现太大的空隙，以免影响大面积连续延伸的装饰效果。四方连续纹样广泛应用于纺织面料、室内装饰材料、包装纸等。

（12）卡通形象。卡通（cartoon）作为一种艺术形式最早出现在欧洲，原意是绘画、挂毯、镶嵌等原尺寸的底图。19世纪40年代成为独立的滑稽画，用以讽刺时事政治、社会现象和时尚潮流，后来其内涵逐渐扩大，成为各种漫画、动画的总称。20世纪卡通形象开始应用于品牌推广。

卡通形象以其夸张、幽默、独特的艺术魅力，深受不同国家、不同年龄、不同阶层人们的喜爱，给人类生活带来巨大的影响，并由此引发无限商机，在经济领域一路高歌猛进。由于卡通形象容易引发消费者的好感，在食品、儿童产品的包装设计中应用较多。

B　图形设计的原则

（1）准确传达商品信息。无论是文字还是图形的运用，目的都是准确地传达商品信息。这就要求包装上的图形设计一定要具备商品的典型特征，包装内容物要与包装外部形象相一致，并能准确地传达商品信息、商品特征、商品品质和品牌形象等。通过图形视觉语言的表现，能使消费者很清晰地了解所要传达的内容和信息；有针对性的设计和传达，对消费者有一种亲和力，能产生共鸣和心理效应，引起消费者的购买欲望。

所以，准确传达信息不仅是图形设计的最根本原则，也是整个产品包装设计的基本原则。

（2）体现视觉个性。在进入信息化、数字化时代的同时，也进入了个性化时代，人人都在追求个性、突出个性，张扬个性已成为今天青年人的追求和时尚。

在商品竞争中，包装设计的个性特征越来越重要。无论是包装设计，还是广告宣传、品牌形象和企业形象设计等，无一不是在追求各自鲜明的个性。产品包装设计只有具有崭新的视角和表现，在同类包装中脱颖而出，吸引消费者的视线并产生兴趣，才能在商品的海洋中战胜竞争对手。

（3）注意图形的适用性和局限性。即使是同一图形，不同的人也有不同的解读，所以图形往往要搭配文字，才能准确地传达商品的信息。

另外，由于国家、地区、民族风俗不同，在图形运用上也会有些忌讳，如日本人比较忌讳荷花而喜欢樱花；意大利人忌用兰花；法国人禁用黑桃；中国人认为乌龟是贬义，而在日本乌龟则是长寿的象征；我国较喜欢的孔雀图形，在法国人眼里却是不受欢迎的图形。类似的图形禁忌有许多，设计师一定要深入了解并掌握这些知识，尊重相关国家和地区的规定和风俗，避免因不当的设计而带来不必要的损失。

（4）图形的完形法则。心理学家格式塔认为视觉有着基本的定律："任何刺激物之形象，总是在其所给予的条件许可下，以单纯的结构呈现出来。"越简洁、越规则的东西越容易从背景中凸显出来，构成完整的图形。

格式塔完形法则包括相似原则、接近原则、闭合原则、连续原则和规则原则。在包装设计中，充分利用图形的完形法则，可创作出注目性和美观性较强的图形形象。

1.3.4.2 文字设计

文字不仅是传播信息的载体，也是文人表达思想、艺术家表现艺术的媒介，特别是中国古代的书法已成为一种独特的艺术形式，承载着中国古老的文化艺术。在市场竞争日趋激烈、商品同质化严重的时代，商品以个性化区分市场，越来越多的品牌从战略高度进行多方位的品牌形象设计，而对包装进行有创意、个性化的文字设计则是出于这种市场的要求。

在包装装潢设计中，可以没有图形，但绝不能没有文字说明。文字能够传递明确的、具体的信息，而图形则具有适用性，在没有文字说明的情况下，不同的人看到同一图形，也会产生不同的理解与情感。

许多优秀的包装都十分重视文字设计，甚至全部由文字构成画面，文字经过特殊的艺术处理，十分鲜明地体现商品的品牌和用途，体现美感和文化，以独特的视觉艺术效果吸引消费者。

尽管在计算机中、在互联网上，可以轻而易举地得到某一种字体，但是使用非原创的字体，不仅缺失个性与创意，甚至会给设计师本人、客户带来法律上的麻烦。

2008 年，方正字库就曾经把宝洁告上法庭，其诉讼理由是：宝洁未经方正电子许可，在其生产的飘柔洗发水、帮宝适纸尿裤等 55 款产品的包装、标识、商标、宣传品上使用了"倩体""卡通体"等方正字库的字体，侵犯了方正电子字库作品的著作权，索赔 147.8 万元。另外，方正还起诉魔兽世界游戏，索赔额高达 4 亿元之多。有鉴于此，作为包装设计的工作者，必须具备独立设计字体的本领。

A　文字设计的类别

由于历史、地理、民族习俗等原因，不同的国家地域形成了各具特色的文字语言。目前国内外的包装设计中，根据语言的种类，将文字主要分为三类：汉字、阿拉伯数字和拉丁字母。

（1）汉字。汉字构形独特，数量繁多，形成了一种形与义紧密结合、显现东方审美情趣的独特书法艺术，被誉为"无言的诗、无形的舞、无图的画、无声的乐"。书法是中国的国粹，源远流长，主要经历了篆书、隶书、草书、楷书、行书等发展阶段。书法往往是以毛笔为表现工具的一种线条造型艺术，具有很大的实用价值和审美价值，特别是其中蕴含的文学价值是其他语言所不能比拟和替代的。

由于中国书法具有浓厚的历史文化感，在白酒包装中运用得较多，例如，人们熟悉的茅台、五粮液、水井坊等名酒都采用书法形式，不禁使人联想到历史积淀下来的厚重的酒品质与酒文化。还有茶叶、月饼等土特产品也喜欢应用书法，来展现其历史的源远流长。

（2）阿拉伯数字。阿拉伯数字最初由印度人发明，后由阿拉伯人传向欧洲，之后再经欧洲人将其现代化。由于采用计数的十进位法，加上阿拉伯数字本身笔画简单，写起来方便，看起来清楚，特别是用来笔算时，演算很便利，现已成为国际通用的数字。

作为一种特殊的文字符号，数字以其简洁的个性造型、国际通用的识别性、容易记忆与推广，以及所具有的象征意义，成为一个重要的设计创意元素。和汉字、拉丁字母一样，数字现已被广泛地应用到各种设计艺术的形式之中，尤其是品牌命名、标识设计、网络域名注册等应用较广，如"香奈儿 5 号"、"555 香烟"等已成为世界名牌中的传世经典。在包装设计中，也不乏以阿拉伯数字为设计元素的优秀作品。

（3）拉丁字母。拉丁字母大约在公元前 7 世纪~公元前 6 世纪时，由希腊字母间接发展而来，成为古罗马人的文字，后传播到欧洲，是目前世界上流传最广的字母体系。拉丁文以 26 个字母为基本书写符号，通过变化排列组合，创造出丰富的单词，并且紧密地与语音结合，简单易记、易拼写，适合印刷与传播，已经成为全球通用的语言。而且，拉丁文又创造出一些约定俗成的缩写形式，使其拼写、记忆和交流更加便捷。

拉丁字母的字形结构较为简单，主要包括圆形、方形、三角形和特殊形四种类型。拉丁字母的最大特点是形态各异，长宽不等，排列组合稍有难度。为了达到大小写字母在视觉高度上的一致，设定了四条引线作为统一规范的基础，由上至下分别是顶线、肩线、基线和底线。可以通过大小穿插、重叠、并列、错位等手段来排列字母，构成多层次的视觉艺术效果。拉丁文字按字体样式大致分成衬线体、无衬线体和其他字体三类。其他字体包括哥特体、手写体和装饰体，这些字体使用相对较少，一般来说衬线体和无衬线体两大类是用得比较多的。

1）衬线体（serif）在字的笔画开始、结束的地方有额外的装饰，而且笔画的粗细会有所不同，易读性比较高。其历史比较悠久，是古罗马时期的碑刻用字，适合用于表达传统、典雅、高贵和距离感。衬线体包括旧体（旧衬线体）和现代体（现代衬线体）。

①旧体（old style）类似手写的衬线体，笔尖会留下固定倾斜角度的书写痕迹，字母较细的部分连线是斜线。旧体并不意味过时，传统书籍正文通常用旧体排版，适合长文阅读。

②现代体（modern style）比例工整，没有手写痕迹。字母较细部分连线是垂直的，体现了明快的现代感，给人冷峻、严格的印象，缩小后文字易读性比较差，一般在标题上使用。

2）相对衬线体，无衬线体更加亲和、现代。从类别上大致可以分成四类：Grotesque、Neo-grotesque、Humanist 和 Geometric。随着现代审美和流行趋势的变化，如今人们越来越喜欢用无衬线体，因为它们看上去更干净。

在国外的包装设计中，将英文作为包装主体形象是一种常见的设计手段。随着国内英语的普及，以及国际贸易的发展，越来越多的商家在包装上使用英文，该类包装简洁大气，易于识别和记忆。

根据包装中文字所起的作用，又可以将文字分为三种类型：主体文字、促销文字和说明性文字。一般主体文字、促销文字需要字体设计，而说明文字无需字体设计。主体文字包括商品名称、品牌名称。主体文字作为识别的重要因素，应该醒目、突出，位于包装的正立面。

促销文字多为商品的卖点，较为活泼、醒目，位于包装的正立面。如"新品""买一赠一""原味"等。

说明文字包括使用方法、成分及比例、生产保存日期等。一般放在包装的背面或侧面，多为印刷字体，字号较小，呈密集性编排。

B 文字设计的原则

（1）可读性。文字是人类信息交流的载体，所以可读性是其最基本的功能。

无论是品牌文字、广告宣传文字，还是功能说明文字，都必须具有可读性，尤其是各类的品牌文字，不管通过何种设计来进行美化，都必须满足简洁、易记等特点。

（2）适用性。文字的形态不一样，其所表达的心理以及情感状态也有很大的区别，这就要求文字的设计工作必须将其所包装的商品本质特性包含在内。特别是在设计相应的品牌文字的时候，尤其要将商品的本质属性进行放大，使其视觉形象得到进一步的强化，当然也要注意内容与形式的统一。

（3）艺术性。艺术性是文字设计的生命力所在，不仅要求单字美观，还要求文字编排均衡、协调。在一种商品的包装当中，通常都包含了各种形态以及内容各异的字体设计。这时就要求文字与文字之间能相互统一协调；否则，会显得杂乱无章，直接影响包装的信息传达。

（4）创新性。在进行商品包装的文字设计工作时，必须结合形象以及创新意识，进行各类具有创新性的文字的创造。

C　字体设计的方法

现代字体设计理论产生于 19 世纪 30 年代在英国发起的工艺美术运动，以及 20 世纪初的装饰艺术运动。在字体设计时，可以在一些标准字体的基础上，进行适当的变化和艺术处理，创造出别具一格的全新字体。

无论是汉字还是拉丁字母，任何字体的形成、变化都体现于其基本的字形结构和基本笔形。字形结构和基本笔形不仅是决定字体的本质因素，也是进行创意字体设计的根源。基本的字体设计方法包括字形变化、笔画变化、结构变化、装饰变化、形象化、立体化和手写体等。

（1）字形变化。字形变化是指改变字的外形特征。汉字的基本形状为方块，可通过拉长、压扁、倾斜、弯曲、角度立体化等改变字形，外形可以变为正方形、长方形、扁方形和斜方形等。圆形、菱形和三角形违反方块字的特征，不易识别，所以应谨慎使用。应注意字形变化要适度，以免影响其可读性。

（2）笔画变化。笔画变化是指在字的基本形状不变的情况下，对某些笔画的形状进行变化，在规整、斜度、弧度、空白、切划、分割、粗细、曲直等方面进行变形，可产生出更为自由多样的字体；但应注意变化的统一协调性，以及保持主笔画的基本绘写规律。

一般情况下，变化的主要对象是点、撇、捺、挑、钩等副笔画，而主笔画横、竖变化比较少。

（3）结构变化。结构是文字构成中的基本规律，以偏旁、部首、笔画之间的构成定律形成某种字体的组合规范。基础字体的机构通常疏密均匀、重心统一，并且一般安排在视觉中心的位置。通过对字体的部分笔画进行夸大、缩小、或者移动位置、改变重心，使字体的结构发生变化。结构变化也要注意变化的统一协调性，避免杂乱无章。

（4）装饰变化。装饰变化是在基本字形的基础上添加装饰。它的特征是在印刷字体的基础上进行艺术性的延伸，同时需要结合商品的品牌属性以及企业的性质等，这样做的目的是使得文字内部所蕴含的感染力以及精神内涵得到进一步的加强。常见的装饰变化包括背景装饰、轮廓装饰、线条装饰、重叠与透叠、借笔与连笔、断笔与缺笔、图案填充、空心、图地反转等。

（5）形象化。形象化是指把文字的含义形象化，以做到"形"与"意"有效结合，比装饰文字更加生动有趣，也更具有感染力，易于记忆与传播。

根据添加形象的方式不同，可将形象字体分为以下三种：

1）添加形象化。在原有文字的基础上，添加与文字相关的图案，使字体更加形象生动，注意添加的形象必须有助于字体信息的传播。

2）笔画形象化。是指用相关的图案代替原有文字的部分笔画，从而使文字中有图案，图案又是文字的部分结构。

3）整体形象化。运用汉字的象形特征，使文字整体用图案的形式表达。

（6）立体化。通过透视、倒影、排列组合、浮雕、光效、阴影等方法，使字体具有立体感和视觉冲击力，易于引起关注。

（7）手写体。手写体是一种书写艺术，与标准字体相比，更为自由奔放、灵动活泼，富于变化和韵律，具有极高的美感和艺术感染力。

1.3.4.3 色彩设计

对于视觉可见之物，其造型包括三个方面：色彩、形状与材质。

心理学家认为，人的第一感觉就是视觉，而对视觉影响最大的因素是色彩，大约有65%的信息来自对色彩的感受，25%来自对形状的感受，10%来自对材质的感受。色彩能够通过对人体的各项感官的刺激来影响人的心理情绪。在自然界有各种色彩，以及与之对应的自然事物。通过对这些色彩的感知就能够自然而然地对这些与之对应的事物进行联想，这一点体现的就是色彩的基础影响作用。

色彩在商品的包装设计当中具有重要的意义，同时其属于在设计心理学当中需要重点突出的内容。日本立邦涂料公司调查研究得知，色彩在各类品牌以及商品当中进行传播的时候可以帮助品牌和商品增加大约40%的受众，人们对于该商品的认知度也会随之达到75%，这就为商品的附加值增加了30%。

色彩虽难以构成独立的形象，但可以给人们留下深刻的印象和联想，特别是在激发人们情感的视觉心理上，其价值与作用有不可替代的重要性。在包装设计中，色彩主要有三种功能：传达企业形象或产品形象，带来色彩的心理感受，引发消费者的购买欲望。

A 包装色彩设计的要素

（1）色调。色调是指一幅作品色彩外观的基本倾向。在明度、纯度和色相这三个色彩基本要素中，某种因素起主导作用，就称之为某种色调，如明调、暗调、鲜调、灰调、冷调、暖调、强调、弱调、软调、硬调、重调等。

一般在进行包装色彩设计时，最为首要的就是确定其色调风格，使之与品牌特点、商品的特性和品质等相符合。不同的色调运用，产生不同的设计风格。

（2）视认度。视认度是指配色层次的视觉清晰度。良好的视认度在包装、广告等视觉传达设计中非常重要，可通过色相对比、明暗对比、冷暖对比、补色对比、纯度对比和面积对比等色彩对比手法，加强包装的视认度。

在设计时除了要考虑商品本身的视认度，还要考虑其他同类产品惯用色彩，提高与其他同类产品之间的差异性，使其具有个性特点，便于消费者辨认购买，甚至产生深刻印象。

（3）色彩感觉。色彩感觉是指对心理产生的作用。色彩不仅对视觉产生刺激，还会产生不同的心理感觉，或冷或暖，或软或硬，或轻或重，或远或近，或兴奋或沉静；另外，由于通感的作用，在某种情境下，色彩还能引起味觉感和音乐的效果。因此，在包装设计时，可充分利用色彩感觉，促使消费者产生喜爱之情，甚至引起共鸣，从而诱导消费。

综上所述，好的包装色彩设计能使色彩的表现力、视觉作用及心理影响最充分地发挥出来，在有效传达品牌和商品信息的同时，给人的眼睛与心灵以愉快的和美的享受。

B　包装色彩设计的依据

在进行包装的色彩设计时，主要考虑商品特性、行业属性、品牌标准色和色彩流行趋势等。

（1）商品特性。在包装设计中，商品包装的色彩设计在能够引起顾客视觉关注的同时，还应该能够反映商品的特点和性能。根据色彩表现，可以将包装用色分为以下几类：

1）标志色。具有不同成分、不同型号的系列产品，通常采用不同色相的包装，以示区分，方便顾客的识别与挑选，如不同口味的饮料、不同香型的香水等。

2）形象色。包装直接体现商品的固有色，使包装内容物的色彩、特点形象化。如蜂蜜包装多采用金黄色，巧克力包装则用巧克力色，牛奶则多以奶白色为主色，饮料多采用其原料的固有色，茶叶包装采用绿色等。

3）象征色。象征色不是直接模仿内容物的色彩特征，而是根据广大消费者的共同认识，加以象征应用的一种观念性的用色。色彩象征某种寓意或概念，引发消费者的联想与想象，主要用于产品的某种精神属性的表现或一定品牌意念的表现，如中华牌香烟的包装就选用了象征中华民族的红色。

（2）行业属性。色彩的选用除了要考虑商品本身的特性，还要符合行业属性及相关法律要求。不同行业的常用包装色彩如下：

食品类的包装通常都是颜色鲜明、丰富的，且暖色是最主要的色调，用以重点表达出食品的新鲜等特征。比如，蛋糕通常是用金黄色来营造香气浓郁的感觉。

酒水、饮料类、啤酒类多用红色或绿色类；高档葡萄酒则选用暗色居多，体现醇厚的口感和高贵的品质；饮料一般选用亮丽活泼的色彩，体现活力。

医药类常用单纯的冷暖色块来表达所要表现的内容。如蓝色表示消炎退烧、镇静安宁作用；绿色表示止痛、安宁效果；红色（酱色）表示滋补、保健、提神、强壮感；橘红表示兴奋、强心作用；黑色表示剧烈、有毒等。

化妆品类常用柔和的中间色调，以玫瑰色、粉白色、淡绿色、浅蓝色为多，以突出温馨典雅的情致。

五金机械类常用蓝色、黑色及其他沉着的色块，以表示坚实、精密和耐用的特点。近几年，该类产品的包装也经常使用黄色、橙色、绿色和黑色。

给儿童使用的商品一般是色彩对比较为强烈以及艳丽的，这样对于儿童的吸引力更强。因为儿童认知事物多出于天性的直觉，他们喜欢鲜艳、明亮的色彩。

体育用品类多采用鲜亮色块，以增加活跃、运动的感觉。

咖啡色、深绿色等多使用在服装以及帽子、鞋上，给人以稳重的感觉。

（3）品牌标准色。包装不仅是商品的外衣、无声的推销员，还是品牌整体视觉形象当中一个非常重要的组成部分。对于知名品牌而言，包装设计要与品牌形象保持高度的统一，最为有效的设计手法就是其包装色彩采用品牌的标准色。

（4）色彩流行趋势。色彩流行趋势是时代的产物，不同的时代有不同的色彩爱好，随着社会不断发展，人们逐渐会对色彩的偏好产生各种变化。

包装的色彩设计也需要把握时代的流行趋向，以及公众的心理变化，只有这样，才能使包装设计产生吸引力，与消费者建立思想境界的情感互动。包装设计考虑色彩流行趋势，说到底是考虑市场因素。

1）自然色。由于受到绿色包装设计浪潮的影响，近几年的一个色彩流行趋势是偏向返璞归真的自然色，如海洋色、沙滩色、亚麻色、竹色、藤色、木色等。

2）撞色搭配。"撞色"在2011年大流行之后便一发不可收拾，是现今服装界最为流行的色彩搭配趋势，在包装界也开始出现了一些撞色搭配的新潮设计作品。

狭义的撞色，指的是补色，如红与绿、黄与紫、蓝与橙；广义的撞色，是将在色相环上相距较远、看上去冲突比较大的两种颜色搭配在一起，形成视觉冲击效果，却又完美统一。

例如，橙色与粉红色、苹果绿结合在一起，西瓜红与紫色结合，翡翠绿、铬黄与紫红色等都被毫不相关地随意混合。

撞色搭配要注意两点：一个颜色明度高，另一颜色明度低，即注意明度对比；以一种颜色为主色，另一种颜色为配色，即注意面积对比。

3）个性化、多样化。从服装、产品再到包装，人们已经不满足于看到几种常用的基本色，越来越强调自己的个性，渴望拥有独特而新鲜的色彩体验。因此，一些走在时尚前沿的品牌和产品，也在尝试着创造出更多更有魅力的工业色彩，以满足这种日益上升的色彩个性化、多样化需求。

1.3.4.4　版式设计

A　版式设计的要点

包装版式设计也被称为包装编排设计，就是在一定规格体积的包装上，根据视觉传达的需要和美学法则，将商标、图形、文字、色彩、肌理、条形码等视觉要素进行合理巧妙地编排组合，形成重点突出、和谐统一的整体，即"在有限的视觉空间之内，实现视觉艺术设计的无限想象"。

包装的编排设计与一般平面设计的区别在于：商品包装具有多个平面，而平面设计只是在单一平面内进行设计，其重点是对各个平面的内容进行兼顾，同时还要突出重点。

B　常用的编排手法

（1）对称。对称指的是沿着一条轴线，两侧等质等量的形态要素能够重合。对称是自然界中普遍存在的一种美学形式，分为轴对称和中心对称，显得稳定、有秩序感，但如果处理不当，会显得呆板。

（2）均衡。在进行包装的色彩设计时，需要考虑商品特性、行业属性、品牌标准色和色彩流行趋势等。

在视觉艺术中，均衡是常见的表现形式。均衡是指在特定空间范围内，采用不等质、不等量的非对称形态要素，保持视觉上力的平衡关系。均衡与对称相比，更为生动、活泼，但有时变化过强容易失衡。

（3）动势。动势是运用点、线、面、色彩、肌理等设计元素来创造运动的错觉，如条纹、折线、螺旋线、弧线、箭头等。

（4）分割。采用边框或色块，将包装版面分割成若干部分，形成强弱对比，呈现出明显的秩序感。分割应注意比例、局部与整体的和谐统一关系。

（5）节奏与韵律。节奏与韵律是一个普遍存在的、重要的美学法则。节奏强调的是重复的规律性，而韵律显示的是变化的态势和律动美。

连续韵律是指同一要素反复出现或几个要素交替出现。

渐变韵律是指连续重复的要素按一定的规律逐渐变化，分为形状渐变、方向渐变、大小渐变、色彩渐变、骨骼渐变等形式。

发射韵律是指造型要素围绕一点，犹如发光的光源一般，向外发射所呈现的视觉现象，其主要包括三种形式：螺旋式发射、中心点发射和同心式发射。

起伏韵律是指保持连续变化的要素时起时伏，具有波浪状的韵律特征。

（6）跨面设计。单体跨面设计是把单个包装的多个面看成一个有机的整体，将主体形象扩大到包装的两个面或多个面以上的一种编排形式，可有效提升包装的整体性和注目性。

组合跨面设计在版式设计时，需考虑到同一系列的不同商品，或多个相同的商品放置到一起时的陈列展示效果，将多个包装的版式进行组合编排设计，会产生别开生面、阵容强大的视觉效果。

C　系列包装版式设计

系列包装的版式设计是指针对某一系列产品，通常以商标为中心，在图形、文字、色彩、构图等方面进行统一的包装版式设计。系列包装的形状尺寸往往各不相同，因此版面编排要因地制宜，既要风格统一，又要变化、各具特色。

1.4　绿色包装时代下的人文主义设计理念

经济的发展、科学的进步，为人类造就了极其丰富的物质。人们尽情享受着这些物质。随着物质文明越来越发达，人们猛地发现，高度发达的物质文明是把双刃剑，在给人们带来丰富的物质的同时，却也在破坏人们赖以生存的环境。

比如，越来越多的人拥有了小汽车，但是这些汽车会产生大量的尾气，对环境造成严重的污染；手机的普及为人们带来了很多便利，但是手机产生的电波会对人的大脑产生轻微的辐射作用；大量的工厂产生了非常多的污水和废弃物，这些都对土壤、河流、水资源等造成了严重的污染，很多河流不再绿波荡漾。这些工业污染只是造成环境污染的一部分，一些废弃的产品包装对环境同样造成了非常严重的污染。它们对土壤、河流甚至人的身体都带来了非常大的危害，目前，人们已经意识到这个问题的严重性，逐渐重视起"绿色包装"，切实地保护好环境已经是全世界都认同的一个观点，而且全世界都越来越重视这个问题。

包装行业也意识到了这个问题，现在很多包装设计都以绿色包装为导向，这对于包装行业也是一项挑战，需要他们在对其设计方案进行改造的时候既要以保护环境为目的，同时又要符合可循环的要求。

1.4.1　内涵引领绿色包装设计

绿色包装在设计时要围绕以下几个特点：能耗低、可再利用、可以降解、可循环使用、是新开发的绿色材料。绿色包装设计中的绿色实际上属于包装文化概念中"绿色包装"理念，包括的内容非常广泛，如：保护环境、保护生态的意识；人们关注自己身体健康以及生命安全的意识；设计方面发展的眼光；舒适、简约并且自然的思想。它们都是以保护环境为宗旨来创造一个新的生态环境，这个生态环境没有污染，对人们的身体健康有好处，适合人们生存。

所以，在设计绿色包装时，技术上的改变只是一个方面，更重要的是对人们的思想观念进行改变，对于之前那种过于追求商品外形方面独树一帜的做法，设计者应该摒弃。在设计绿色包装的过程中，创新不能只停留在表面，应该注重实际，以延长包装的使用寿命，同时又能够将人文和绿色的理念很好地展现为目的。当设计师保持一种极为负责的态度设计出一种既简洁但同时又很持久的造型，他们无论是从物质层面还是精神层面都为社会的发展做出了非常卓越的贡献。

1.4.2　符号指导绿色包装设计

目前，全世界越来越重视环境保护工作，绝大多数人在购买时都会选择带有环保标识的产品，这些产品都经过专家机构的鉴定。对于一些质量符合要求，并且产品的生产、使用，以及处理的过程与环保要求相符合的产品，国家机构就会授予"环保标识"。比起同种类的产品，这些产品具有节能、降耗、少害、低毒、可回收利用等优点。德国最先使用"环境标志"，其后美国、加拿大、澳大利亚、英国、日本、法国、意大利、芬兰、瑞典、瑞士等很多国家也纷纷使用"环保标识"。

在包装装潢的设计中正确使用绿色标签，可以有效地指导消费。因此，作为包装设计的从业人员必须了解、掌握其应用范围和相关的设计要求。

1978年中国环境科学学会成立，1997年5月，在中国环境科学学会下新开设了一个分会——绿色包装分会，同时也落实了我国采用哪种绿色包装标志的问题。

现在，在越来越多的产品及其包装上都会看到一个三角形标志，这是目前国际上非常盛行的回收标志，也叫循环再生标志。这个回收标志具有两层含义。

这个标志除了表示该产品使用了循环再用的材料生产外，还提示消费者认知产品使用循环再用材料的比例，例如"100%可再生纸标志"即说它的材料全部来自循环再用的材料，也是最为环保的材料。

此外，许多饮料瓶、矿泉水瓶，如可乐、雪碧的易拉罐底部也都印有一个带有箭头的三角形标志，里面标有数字，不同的数字代表不同的材料。标志的色彩一般为单色印刷的绿色，当包装设计所用的色彩使标志绿色显得不清楚时，也可用适当的对比色彩。标志的位置应放在消费者易见处，不得遮盖内装产品。标志的数目为每个包装件上仅标打一个标志。标志的尺寸为长40mm、宽40mm，如遇特大或特小的包装件，可按此规定适当放大或缩小。尺寸的选用必须与包装件尺寸成比例。标准请参考ISO 11469—2000《塑料制品的标识和标志》的国际标准。这份标准对于塑料购物袋的生产、检验、储存、运输等各个方面都做出了非常具体的规定，如塑料购物袋要求、定义、术语、检验规则、试验方法、包装标志等。一些利用树脂先生产出薄膜，然后采用黏合或者热合工艺生产出来的塑料购物袋，也适用于这一标准，其他部分材质的购物袋也适用于这一标准，比如一些复合材料。但是对于一些仅仅做包装使用但不能提携的塑料袋则不适用于此标准，如一些撕裂袋等。

在许多发达国家，人们在购买商品时都会格外留意一些有循环再生标志的商品，很多的环保爱心人士只购买印有循环再生标志的商品，因为这些商品及其包装是可以被回收利用的，一方面可以减少对环境的污染，另一方面也可以避免对地球造成过多的消耗。

2005 年 10 月，国家环境保护总局、中国环境保护产业协会推出了绿色环保标识"绿色之星"，这也是我国 IT 行业的第一个相关标识。它的核心就是：IT 产品必须具有节能、安全、低污染、低辐射、易回收和符合人体工学等多方面特征。

不过，降耗和节能只是绿色 IT 的一方面，绿色 IT 还包括产品的研发、生产、包装、物流、销售、使用、回收等整个环节；而且，最重要的是，所有的 IT 企业都必须意识到 IT 企业目前共同面临的环保危机。对中国 IT 企业来说，更需要从自身做起，从每一个机箱、每一颗螺钉、每一个排风扇、每一个包装箱做起。

1.4.3 绿色包装设计的人本主义

21 世纪以来，人类社会飞速发展，各行各业的发展也非常迅猛，包装行业也不例外，人们无节度地向自然界索取来满足日益发展的包装要求。环境问题成为目前世界第一大问题，与之相对应的"环保""绿色"等词语也引起世界范围的广泛关注。到目前为止，人们对商品的包装提出了一系列新的要求，如节能化、人性化、功能化、环保化、生态化、实用化。以人为本的观念正在深深地影响着设计师们在设计产品时紧扣绿色这一层面，同时满足人们在物质和精神方面的需求。

老子在春秋时期所提出的"天人合一"，旨在倡导人们保持一种无欲、无得失、无功利的极端平静的状态，就像人类初始时期一样与天地之间的万物融为一体，这种思想中有一些非常消极的、不利于人类发展的成分，撇开这些消极的东西，其所提倡的与环境和平共处的思想还是非常值得现代人借鉴的；要用长远的、发展的眼光来看，保持积极的心态，"以人为本"中的根本就是人类社会的可持续发展。现在有很多由于异化所产生的危机，在这种情况下，实现可持续发展，就要坚持采用先进的科学技术，以"绿色、人文、科技"为宗旨。"人本主义"在包装设计中的体现实际上就是绿色包装。在包装设计行业，设计的中心慢慢地由传统转向绿色，由此可见，人们已经意识到现代科技的发展给生态环境所带来的灾难，同时也体现了人们在道德以及责任心意识方面的加强。

　　基于人类的发展，在对绿色包装进行设计时，在构建设计策略时，应站在保持人类与自然环境之间生态平衡、尽可能避免破坏环境的高度，使设计的绿色包装具有推动社会经济文化发展的功效；这些设计的思路将环境保护和可持续发展、经济发展之间的相互促进、相互协调的关系完全体现出来，使全世界所有地区和国家的包装业都以保护环境、发展绿色包装作为唯一的目标，使绿色包装成为包装行业发展的不二选择。

1.4.3.1　出发点——来源于人性化的设计

　　绿色包装设计中的以人为本，是指通过外形、名称、声音、文字设计一种可以使人感到亲切而且有实际意义的商品保护、承载物。

　　吸引消费者的注意力、提升产品在市场中的竞争力只是绿色包装设计目标的一部分；消费起来感到便捷，使消费者的生活质量和生活水平大大提高，最终达到对绿色包装设计实行集中合理的管理，从而实现最大限度地发挥人员积极性的理想目的是绿色包装设计的更重要的目的，并由此实现人与周围生态环境和物质之间的和谐统一。

A　变单调为情感化

　　现代社会设计方式多种多样，设计风格层出不穷。曾经在国际上非常盛行的以"功能"为中心，注重规范化、标准化的设计风格目前逐渐不被人们所接受。人们对包装设计提出了更高的要求，不仅要具有最基本的保护功能，同时设计的形式还要兼具美感。由此包装的情感化设计就成功地吸引了人们的眼球，慢慢地，商品的绿色包装设计都朝着这一方向发展。情感化设计，简而言之就是从满足功能这一点变为同时还满足人们的精神需求，将更多的情感的、美感的、文化的因素融入设计之中，以多种多样的面貌来满足不同的消费者的需求。

　　绿色包装设计讲究的是用最少的"语言"，说出最复杂的"问题"。大设备的高生产率让人们感到很满足，但商品的包装设计一成不变、单一、冷淡使得人们在商场中远距离很难区分商品。

　　包装设计师的工作职责就是为商品进行包装设计，创造出与商品的特性相一致，对于所有的使用者都适用，安全系数高，可以让人心情愉悦的包装是设计的目的所在。包装设计方式是，通过变换设计的元素，使消费者的心理和情感也随之发生变化，这也是设计中的"以情动人"。

　　人们关注绿色包装设计，其中有一个最重要的方面就是造型。设计的本质和特性就是通过造型来展现出来的，造型可以使得设计的意图变成一个具体、明确的实物。情感化设计应用于包装领域，使绿色包装设计更趋向人本主义性质，更加人情化，更合理。因此，绿色包装设计应该消除距离感，要有亲切感、有情感、有生命，关爱所有的人。

POP 包装是近期包装设计行业的宠儿，POP 的立体效果特别好，造型也非常多，货架效果非常好，对商品的宣传起到了很好的推动作用。传统的纸质包装货架陈列时形象单调、呆板，而 POP 则很好地改变了这一状况。设计师们尽情地发挥着自己的想象力，在 POP 的包装盒盖上进行着各种设计。通过翻折、盒盖立起、装饰效果等增加趣味性和诱惑力。设计师们把装饰性、智慧性、趣味性等各种元素都融合到了设计之中，这样人们在购买商品时不仅可以享受美感，还可以增长见识，使购买行为所带来的综合价值得到升高，同时也使绿色包装设计具有一种软价值——看似无形但也在被"销售"。

日常生活必需品的绿色包装设计在你的生活里起到什么样的作用？很多人可能无法立即回应这个问题，也很难给出一个明确的答案。但是，如果回答是包装对生活影响非常大，那么它将影响设计师的决策过程，提升绿色包装设计的意义。在计划经济时，商品供不应求，消费者只能购买到一种设计形式的商品，许多人购买只是为了满足生活上的需求，这时包装设计是否具有吸引力，是否表现出迷人的包装内容，就显得非常次要了。随着社会的发展，人们日常生活中需要的一些商品的品牌不断增多，那么在购买时会碰到很多种功能相似、价格相近的产品，最后决定购买的一般就是绿色包装的商品。所以，情感化和绿色设计在人们日常所必需的同类商品中，特别是在商品经济如此发达的今天，显得非常重要。

B　集便利与人性化

在日常生活中，在开启包装时经常会遇到一些比较不悦的情况，如一些包装非常精致的商品，在打开时却非常困难，到最后只能采取一些暴力的手段，将外包装破坏掉，然后拿出商品。比如，在 20 世纪的五六十年代，很多罐头都是采用金属包装，这种包装打开非常困难，很多消费者都是用刀、剪刀等锋利的工具打开；在整个开启过程中很容易让消费者受到伤害。后来，在这类金属包装上面附加了一个开启所用的钥匙，虽然在很大程度上解决了开启困难的问题，但是打开的金属盖的边缘非常锋利，一不小心就会受伤。

随着包装设计技术的不断进步，现在对这个金属盖的外沿进行了改良，融入了更多的人性化的元素，在整个包装的顶部有一个拉环，盖子是通过轧制的方式形成的，在打开时不需要任何的工具，而且边缘圆滑，盖子上也有详细的开启步骤。

金属罐包装开启方式的改进，是典型的集便利与人性化的包装设计在绿色包装设计理念下的体现。无论是设计的形式，还是使用的功能，金属罐包装都注入了很多的人性化的元素，这样包装就具有了人性化的特性，具有了情趣、生命、个性以及情感。

通过具体的、可以看到的有形的物质的状态将意识形态之中的无形的精神状态表现出来就是设计人性化的表达方式。设计师们必须充分了解现代消费者对于产品的包装有什么要求，并以此为基础对产品的包装进行研发，将一些新的设计理念融入进去，通过设计与消费者理念一致的商品包装，从而最大限度地满足消费者的需求。

明确了设计的原则，接下来设计者需要做的就是了解所设计包装的产品的消费群体是哪些，有什么特点，如他们的文化水平、经济能力、生活和消费习惯，以及喜欢的色彩、造型等。在充分了解这些之后，再构思如何定位绿色设计。之所以如此重视绿色包装，因为它是人性化设计得以实现的最根本的保障。

人们生活的方式随着新商品的出现而不断地改变着。新商品的出现还带来了一系列不好的影响，如对生态环境和资源都造成了一定的不利的影响，人们越来越重视因商品的包装生产和使用所消耗的资源以及对环境所造成的污染等问题。绿色包装最主要的目标就是降低能源的消耗，尽量避免对环境造成污染。"绿色包装设计"的原则是"以人为本"的人性化设计原则得以实现的必要条件。

1.4.3.2　终结点——人与自然的和谐关系

绿色包装设计的实质是使包装从自然环境中来，最终又回到自然环境中去。在本质上与自然是非常接近的。绿色包装的生产过程全程应是无嗅、无毒、无噪声的，也就是不产生污染的。绿色包装应是可以进行回收再利用的，即便不可以再次利用，但将其放置在大自然中也是可以在短时间内被完全降解的，变成肥料，促进生态平衡。

绿色包装设计具体做法是：合理的包装结构，拒绝过度包装；包装材料的可降解性，非单纯自然界的有机物；包装色彩的简约，减少油墨的使用等。绿色包装设计不是简单使用"绿色"这个色彩符号，不是回归到对自然的掠夺，而是创造包装设计的新理念，寻找可替代、可发展、可改变的新的设计理念。

近30年来，"拼资源换增长"已经走到了尽头，人与自然和谐发展催生"绿色 GDP"。

A　反思过去的设计

中国传统包装设计在材料的选择上应该说是环保的，它以自然材料为主，如选用纸、竹、木、泥、陶、植物的茎叶等天然材料，因地制宜、量才施用地设计制作各种包装物品，是环保理念在绿色包装设计上的体现。但是过度使用天然材料，其实质是对自然的掠夺，而非绿色包装设计之根本。

诚然，这里并不是反对在绿色包装设计中使用天然材料，而是要注意适度使用。究其根源是要创建人与自然的和谐关系。

此外，传统包装设计是粗放型的，它仅考虑包装的功能。包装时以原始状态或简单的加工这两种形态出现，并无设计而言。最终包装设计只起到了包装最基本的保护功能，而忽视了包装设计美化和宣传产品功能，忽视了人类物质上、精神上的双重需求。这种对资源浪费、功能少的包装设计形式，虽可取得经济一时的发展，但从长远利益看，它大量浪费了地球资源，牺牲人类赖以生存的自然环境，是不可取的，最终带来的后果必定是剥夺了后代人使用、发展与消费的机会。

B　总结现在的设计

在中国包装界曾经出现过这样一种评论："一等产品，二等包装，三等价钱。"意思是说，中国的商品还算不错，只是包装设计差，卖不上价钱，经济受损。

在 20 世纪 80 年代，中国的出口产品曾因包装薄弱、外观不佳在国际竞争中屡屡受挫，造成每年的压价损失达数亿美元。这种评价真实地反映了我国商品包装设计水平的不足。

1980 年中国包装技术协会、1981 年中国包装总公司相继成立，旨在发展中国包装工业，对包装实行行业管理。

随着生活水平的提高，人们对于物质水平的要求也会相应提高。30 年的时间，人们的生活丰衣足食，人们对商品和广告等方面的意识加强，从而使得商品的包装设计被重视的程度经历了一个加强的阶段，从开始的不受重视，到后来的极其受重视。

就商品包装就设计而言，现在与过去已无法相提并论，现在的商品最大的卖点已经不再是商品本身，而是包装设计。从某个方面来说，这也算是一种进步的表现。这也使得一些不良的厂家和设计师，为保健品、礼品以及一些生活用品设计一些非常豪华和复杂的包装，以期通过这些精美的包装来抬高商品的价格，获取更大的利益。

目前，有一半以上的商品仍有过度包装的现象，初步估算，每年因过度包装所造成的浪费近 4000 亿元人民币！这个数字实在是让人感到害怕。所有的包装以及设计师们都要正视这个事实。4000 亿元人民币，上海世博会，可以举办 14 次，国家大剧院，可以建造 105 个。

原中国包装总公司技术中心总经理、高级工程师余渡元指出，治理过度包装应坚持源头治理和末端治理相结合的原则，源头治理就是要减量、要限制过度；末端治理，就是回收利用和使其资源化。虽然我国已经改变了"一等产品，二等包装，三等价钱"的包装格局，但是这种奢华包装折射出的是社会的浮华，是对环境和资源的践踏。

C 探索未来的设计

地球很大，但地球也很小。说它大是因为承载着 65 亿人口，224 个国家和地区；说它小是因为人均面积只有 0.023 平方千米。这就是人们赖以生存的地球，如何保护她已经成为全世界的课题。

设计领导制造、设计指导生活、设计引导消费，这绝不是片面夸大设计的能动性，这是事实。欧盟数据显示，在商品包装给环境带来的损耗中，80% 是在创意和设计阶段决定的，21 世纪，全球共同参与的绿色设计也是最好的证明。

20 世纪 60 年代，美国设计理论家威克多·巴巴纳克（Victor Papanek）在他出版的《为真实世界而设计》（Design for the Real World）中，就提出绿色设计思想，他强调设计应该认真考虑有限的地球资源的使用，为保护地球的环境而服务。其核心理念是设计的最大作用不是创造商业价值，也不是包装和风格方面的竞争，而是一种适当的社会变革过程中的元素。设计师应以一种更负责的方式去设计更加精简、长久、节能、安全、绿色的商品包装。

设计"以人为本"、设计"以自然为本"实际上倡导的就是在绿色包装设计中构建人与自然的和谐关系。自然是为人生存而存在的，为"自然"即为"人"，即追求人与自然之间的和谐。将"绿色"引入包装设计，就是不仅要考虑人与资源、环境的关系，而且要考虑包装在使用及回收过程中的消费心理问题，将功能、造型、色彩等要素有机地结合，一同融合到商品包装设计的体系中去，即人性化的问题。

对商品包装设计中的绿色因素进行分析，可将其分为五个因素。

（1）环境、资源因素。商品包装在原材料提取、加工、产品、回收再利用等过程中对资源、环境的影响。

（2）商品包装设计要素。商品包装的功能、造型、色彩等方面。对绿色商品包装设计而言，在合理利用资源的情况下实现包装所应具有的功能。在造型和色彩设计上考虑它的宜人性及与环境的关系问题。

（3）消费者使用感知因素。受众在使用绿色包装时，能从使用过程中体会到绿色设计所带来的愉悦。

（4）商品包装的全生命周期因素。前面已经说过，包装是"抛弃型"文化的最好例证，绿色包装设计需要改变传统包装"从摇篮到坟墓"的生命周期，使绿色包装具有从设计—原料—制作—分销—使用—消亡（或者再设计）的全生命周期。

（5）商品包装的绿色营销因素。相关企业通过消费者购买和使用绿色包装商品，把绿色的理念传达给他们，进一步培养消费者的绿色消费意识，最终推进绿色消费。

1.5　绿色低碳包装设计国内外研究现状与存在问题分析

1.5.1　关于植物纤维预处理及表面改性的研究

　　植物纤维的预处理及表面改性对于植物纤维包装制品的最终特性是至关重要的一步，利用物理或化学方法对天然植物纤维进行改性，能提高复合材料的综合性能，满足社会市场需求，从而得以推广利用。

　　Curvelo 等发现加入16%的桉树木浆即可明显改善桉树木浆与热塑性淀粉复合材料的抗拉强度和弹性模量，降低材料的玻璃化温度和吸水性能。澳大利亚学者 Salgado 等研究了淀粉与纤维素纤维泡沫材料的特性，分析了微观结构与材料物理化学特性和力学特性之间的关系。美国农业研究中心的课题小组的 Lawton 等近年来持续进行植物纤维与改性淀粉发泡复合材料的研究，分别研究了不同改性淀粉与植物纤维复合材料的物理力学性能，植物纤维对发泡工艺的影响等，并通过材料微观结构分析引起材料特性改变的内在原因。Rong 等将剑麻放在温度为150℃的空气循环干燥烘箱中热处理4h，然后与未处理的剑麻相比，其拉伸强度由391.1MPa 增加到535.1MPa，断裂伸长率由2.5%增加到3.5%，结晶度由62.8%增加到66.2%。

　　较多的研究者都对植物纤维进行了化学改性。Bachtiar 等研究了碱处理棕榈纤维对增强环氧树脂复合材料拉伸性能的影响，经研究分析得出，经碱处理的界面连接并没有受到很大的影响，该复合材料的拉伸性能得以提高。Islam 等同样用碱处理法进行植物纤维改性，用5%NaOH 和2%Na$_2$SO$_3$的混合水溶液在120℃下处理工业大麻，经过1h 后，水洗并烘干，然后将纤维与环氧树脂复合。这种方法增加了棕榈纤维与基体环氧树脂间的界面剪切强度，同时复合材料的杨氏模量、断裂伸长率和拉伸强度均有所增加。Lu 等采用界面偶和改性的方法处理植物纤维，用3-缩水甘油基丙基三乙氧基硅烷（KH560）、硅烷偶联剂3-氨丙基三乙氧基硅烷（KH550）和钛酸酯偶联剂（LICA38）对微米化纤维纤维素（MFC）进行表面处理；通过红外光谱（FTIR）、X 射线光电子能谱（XPS）、扫描电子显微镜（SEM）和接触角分析等方法得出实验结果。经改性后的纤维由亲水性变为疏水性，但对纤维素微纤维的结晶度没有影响。Shi 采用氨基硅烷偶联剂（Z6020）和缩水甘油醚基硅烷偶联剂（Z6040）处理茭白纤维粉，将纤维粉与环氧树脂复合，发现改性纤维与基体树脂的相容性提高，热稳定性改善，机械性能也有所提高。Towo 等发现在以丙酮为溶剂的0.033%、0.063%和0.125%高锰酸钾溶液中，将经碱处理的剑麻纤维浸泡于其中，1min 后，随着高锰酸钾浓度的增加，纤维的亲水性逐渐降低；但在1%的高锰酸钾溶液中，由于纤维的降解，使得纤维与基体间产生两极化排列。

　　中南林业科技大学研究组分析了植物纤维与生物降解塑料界面相容性的影响

因素，总结了对植物纤维及生物降解塑料进行改性从而提高相容性的方法。吕秉峰等采用蒸汽闪爆技术改性处理天然植物纤维，对处理前后的纤维素进行了溶解度测试、SEM 及 X 射线衍射分析，得出了纤维素在一定温度下可直接完全溶解于特定浓度的 NaOH 水溶液的结论。邵自强等采用同样的方法对天然纤维素进行改性，并利用改性后的纤维素与乙酸酐和脂肪酸合成长支链纤维素酯，处理后的纤维素葡萄糖环单元 3 个羟基的可及性及反应性能得到提高，同时反应周期缩短。杨桂成等对经热处理后的剑麻化学结构、聚集态结构和热行为变化的研究发现，在 200℃以下热处理的剑麻纤维的红外光谱基本不变，结晶度和密度得到提高。在 150~200℃下进行热处理时，剑麻的热行为没有明显变化。闫红芹等对竹纤维进行热处理实验，在温度不超过 120℃时，温度对竹纤维力学性能的影响不大，但在较长时间高温处理后，其各项力学性能都显著下降。高温维持对竹纤维力学性能衰减的影响要强于时间的影响。因此，分析得出：适当温度下的热处理能有效去除天然植物纤维的游离水，降低结合水含量，可在一定程度上提高纤维的结晶度和纤维强度。

庞锦英等用硅烷偶联剂 A-174 对香蕉纤维进行偶联处理，并与环氧树脂 E44 制成复合材料。改性后的香蕉纤维增强环氧树脂复合材料的拉伸、弯曲、压缩强度要强于未添加纤维的环氧树脂复合材料，但冲击强度却不及未改性的复合材料。金爱先等采用硅烷偶联剂 KH550 和钛酸酯偶联剂 NDZ201 处理苎麻纤维，随着偶联剂浓度的增加，苎麻纤维回潮率降低，复合材料的力学性能得到不同程度的提高。同时发现，两种偶联剂均能在一定程度上提高复合材料的力学性能，但并不随偶联剂浓度增加而增大，浓度过高反而会降低其力学性能。中山大学的 Zhang 等研究了木粉可以通过苄基化处理转化成热塑性塑料，引入大的苄基连接到纤维素和部分劣化的有序结构的结晶区域，改变实验参数，如碱溶液的浓度和反应温度，可转化催化剂的种类等，在一个大的范围内调节苄基的取代程度，可以使植物纤维表现出良好的加工成型性能、机械性能以及可降解性。山东大学的 Yue 等还发现利用尿素和甲醛树脂在以植物纤维、水泥为基材的复合材料的植物纤维表面进行处理时，这种复合材料的机械性能也得到显著的改善。当纤维与尿素和甲醛树脂反应时，树脂和纤维紧密地附着在一起，由于固体的造型和致密的界面层，复合材料的强度和阻水性能显著提高。

Liu 等通过对竹纤维晶体进行增塑淀粉复合材料的实验研究发现，竹纤维晶体经过 HNO_3-$KClO_3$ 混合溶液和硫酸水溶液进行预处理后，低浓度（含 0.1%竹纤维的晶体）时，50~100nm 晶体呈叶脉状；在较高浓度（含 10.0%竹纤维的晶体）时，晶体聚集成微型几何花朵状。由机械热力学分析得出：竹纤维晶体对于淀粉复合材料的强化效果很好；纤维晶体的分散和变形受不同处理方法和所处环境基质的影响，而这些影响都会最终决定增塑淀粉基生物复合材料的改性效果。

韦春等采用 NaOH 对剑麻改性，再与脲醛树脂（UF）捏合、模压制成剑麻纤维/脲醛树脂共混复合材料。经处理后，剑麻纤维/脲醛树脂复合材料强度高，耐磨性好，各项性能与木粉厂脲醛树脂复合材料相似。虞锦洪等用差示扫描量热法（DSC）发现了经高锰酸钾处理过的剑麻纤维与聚合物的共混相容性提高。

郑时东等研究了植物纤维发泡包装材料的制造方法并申请了相关专利，其发明专利中所采用的制造方法是通过将原料粉碎后在高压釜中加温至 110 ~ 140℃，2 ~ 3 个大气压（1 个标准大气压 = 101.325kPa）下蒸煮 30 ~ 90min 进行软化改性，经验证改性后所得复合材料具有优秀的抗静电和防振效果。俞友明等研究了一种植物纤维发泡材料的生产方法，其特征在于通过以下方法对材料改性：将植物纤维截短粉碎到 2mm 以下粒度，置于微波炉内，微波功率控制在 150 ~ 300W，辐射 1 ~ 3min；改性后的材料具有更好的发泡效果和发泡速率，发泡孔径更均匀。王志军等的发明专利中指出，使用 GFC-098 植物纤维改性剂对植物纤维进行改性，对其成品的降解和缓冲性能具有可观的促进成效。

1.5.2 关于保鲜生物质包装材料的研究

以植物纤维为基材的纸质包装材料，具有独特的优点，如制作相对简单，使用比较方便，而且容易被降解，它不仅能对所包装物品起到阻隔的作用，而且还有缓冲的作用，同时还能适当地对包装环境加以控制。正是因为有了这些特点，国内外的相关机构对此一直比较关注，多种纸质包装材料不断被研究并生产出来。以植物纤维为基材的果蔬保鲜包装材料种类较多，诸如：具有抗菌功能的果蔬包装材料、混合型的果蔬包装材料、SO_2果蔬保鲜包装材料、ClO_2果蔬保鲜材料等。不同类型的包装材料虽然在结构上和成分添加等方面有所不同，但其共同的特点就是具有较好的保鲜功能。

（1）中草药保鲜包装材料。这种保鲜材料就是通过中草药中可以杀灭细菌的成分来对水果蔬菜的生理变化进行调整，从而达到保鲜的目的。国内外的研究机构都对这种材料进行了研究。王本翠等分别用大黄和丁香提取液并加入适量的氧化淀粉，制成保鲜剂，涂覆于包装纸上，将目标蔬菜置于湿度 70% ~ 85%、室温 25℃的环境中进行实验，结果显示，可以起到杀灭细菌和保鲜作用的是丁香和大黄中的相关成分，这些提取物能够使水果蔬菜的新陈代谢趋缓，从而起到保鲜的作用。还有的实验将百部、甘草、良姜、虎仗等中草药加工成粉末，添加进传统的包装纸中，用这种包装纸包裹蔬菜来进行实验，实验结果显示，从蔬菜的外观上来看，维生素 C 和糖含量方面都比对照组高许多。还有的实验人员将中草药与高锰酸钾等成分一起融入植物纤维中去，用其对草莓进行包装并观察草莓的保鲜情况。通过观察和测试得知，中草药的比例达到 70% 时草莓中的霉菌生长会受到抑制；白硅石的比例达到 20% 时对草莓的呼吸抑制效果最佳；高锰酸钾的比例达到 2.7% 以上时去除乙烯的效果更好。

（2）SO_2 保鲜包装材料。SO_2 保鲜纸主要用于葡萄等水果的保鲜，二氧化硫能抑制葡萄等水果氧化酶活性，降低其呼吸作用，并不伤害果实的营养物质，不减少维生素 C 和糖分等含量。保鲜纸中 SO_2 的缓慢释放，是保鲜纸防腐效果好坏的关键所在。朱璇等在原有的 SO_2 保鲜纸的基础上，改变缓释剂的种类，通过涂蜡、加入环糊精和稳定剂 OA 及防水剂 CS 等，并对其进行组合，实验结果表明，此种组合能够有效地控制二氧化硫的释放，达到较好的缓释效果。翟玉华发明了 P-m 保鲜剂，该种保鲜剂能缓慢地释放二氧化硫气体，拥有较好的保鲜效果。吴忠红等选用了 4 种商业化二氧化硫葡萄保鲜纸，分别对 0℃ 预冷的无核白葡萄进行保鲜处理。储藏期间，测定无核白葡萄果实的 SO_2 残留量、漂白指数、失重率、硬度、腐烂程度的变化，分析探讨不同保鲜纸的药物残留和保鲜效果。结果显示，4 种商业保鲜纸对无核白葡萄均有较好的保鲜效果；SO_2 残留量均符合我国食品中 SO_2 残留的限量标准（50mg/100g），而且 T3 和 T4 保鲜纸达到食品药品监督管理局（Food and Drug Administration，FDA）对食品中 SO_2 残留的限量要求（10mg/100g）；综合药物残留和保鲜效果研究发现，T3 和 T4 保鲜纸优于实验研究中的其他处理，SO_2 对无核白葡萄的伤害最小，食品安全性更高，适合用于无核白葡萄的短期储藏保鲜。

（3）ClO_2 缓释保鲜纸。二氧化氯缓释保鲜纸属于复合型保鲜纸，由 A 纸基和 B 纸基组合而成，与被保鲜果蔬同置于相对密闭容器内，形成保鲜体系，通过纸基中缓释的二氧化氯达到抑菌杀毒、延长果蔬保鲜期、改善食用品质的目的。

其中，A、B 纸基的作用是承载具有不同功效的保鲜涂液，两纸基通过氧化淀粉胶连接。A 纸基承载的保鲜涂液由不同用量的氧化淀粉胶、氢氧化钠、亚氯酸钠等在一定工艺条件下复配制得；B 纸基承载的保鲜涂液主要为一定质量分数的酒石酸。保鲜涂液通过机械涂布和喷淋的方法附加于纸基表面。东北林业大学肖生苓等研究了 T-氧化氯缓释保鲜纸保鲜涂液配方，保鲜涂液由氧化淀粉胶、氢氧化钠、亚氯酸钠等在一定工艺条件下复配制得，以纸基为载体，以亚氯酸钠为二氧化氯的前驱体，通过控制酸活化剂的量与作用时间，达到控制二氧化氯缓释的目的。以氧化淀粉胶含量、亚氯酸钠质量分数、氢氧化钠含量和酒石酸质量分数为影响因素，通过正交试验，确定保鲜纸纸基中亚氯酸钠留着率及保鲜体系中二氧化氯的释放规律。采用回归分析的方法对结果进行拟合，利用 SPSS 分析软件进行处理，得到保鲜涂液各因素对保鲜纸纸基中亚氯酸钠留着率半衰期 $T_{0.5}$ 保鲜体系中二氧化氯最大释放速率 K_{max}、二氧化氯最大释放速率所在时间 T_{max} 和二氧化氯释放总量 $Z_总$ 等指标的影响。通过所建立的目标方程，确定了保鲜涂液的最佳配方为氧化淀粉胶含量 0.7g/张、亚氯酸钠质量分数 15%、氢氧化钠含量 0.3g/张、酒石酸质量分数 15%。

（4）1-甲基环丙烯保鲜纸。1-甲基环丙烯（1-MCP）是一种新型保鲜剂，可优先结合乙烯受体，从而抑制果蔬的后熟或衰老。1-MCP 产品主要采用环糊精吸附而成或采用独特微包埋技术生产而成。吴斌等研制出 1-MCP 保鲜纸，将适量 1-MCP 包结物、吸水剂和分散剂均匀分装于具有透气透湿性的塑纸中，通过热封使塑纸结合，升高温度以增强纸张的结合强度。将这样制备出的 1-MCP 保鲜纸（一张保鲜纸分 16 小格）用于香蕉和番茄的保鲜，结果表明，1-MCP 保鲜纸处理对延缓香蕉和番茄的成熟衰老有明显效果，可显著降低香蕉和番茄的呼吸速率和乙烯释放速率，延缓番茄果皮转红，抑制番茄果实中可测定酸含量的下降，该种 1-MCP 保鲜纸是一种新型的保鲜产品。

（5）活性炭保鲜纸。刘银鑫等将孔隙发达、比表面积大、吸附能力强的活性炭粉末作为保鲜剂，利用高锰酸钾饱和溶液负载，采用纸浆内添加保鲜剂的方法研制保鲜纸。对番茄进行保鲜效果实验，结果表明：实验组呼吸速率明显低于对照组（$P<0.05$），且将果实呼吸高峰推迟了 3~5 天；实验组果实的可滴定酸和硬度下降速率明显减慢（$P<0.05$）；可溶性固形物变化速率显著滞后于对照组（$P<0.05$）；失重率增大速率明显变缓（$P<0.05$）。保鲜纸显著地延缓了番茄果实的成熟，保鲜效果显著。

（6）抗菌保鲜包装材料。抗菌保鲜纸是指具有抑制细菌和霉菌等的功能性纸张，一般包括纸质基体和抗菌剂等，抗菌剂通过喷涂或者喷洒的方法贴附于纸的表面，或者将纤维制成抗菌纤维再制成纸张。黄崇杏等利用聚乙烯醇、8-聚赖氨酸、OP-10、苯乙烯-丙烯酸酯共聚物（SAE）混合，并涂覆到定量为 $164g/m^2$ 的白纸上，对金黄色葡萄球菌和大肠杆菌进行抗菌性分析，发现当它们之间的比例分别为 1%、0.1%、2% 和 2% 时能得到较好的抗菌效果。刘秉钺等用羧甲基纤维素（CMC）作为施胶剂，将抗菌剂尼泊金乙酯、硫酸铜和壳聚糖等加入施胶剂中，涂覆到纸张的表面，对大肠杆菌和霉菌检测抗菌性能，结果得到尼泊金酯的质量分数为 0.07% 时，72h 抑菌（大肠杆菌）达到 93%。壳聚糖也是一种天然的抗菌剂，抗菌效果较好。壳聚糖的抑菌原理一般认为有两种：一是壳聚糖分子中的—NH_3^+带正电，能吸附在细胞表面，形成高分子膜阻止营养物质的交换；二是细胞壁和细胞膜上的负电荷分布不均，破坏细胞壁的合成，从而达到抑菌作用。

1.5.3 关于植物纤维模塑包装材料的研究

世界各国都在倡导绿色环保，人类对环保型包装的研究更加热衷。其中有一种就是将植物纤维做成模塑的绿色包装，约 80 年前这种包装开始在国外使用并流行开来。国外的相关机构早就开始对模塑包装进行研究并取得了一定的进展，这些研究主要包括包装的设计原理、包装的生产设备，包装的生产工艺，等等。

　　Cho 等研究人员在实验室中对纸浆模塑化处理过程中的相关原理进行了测试，在此过程中运用动力学原理分析了变量是如何影响和决定废纸的分解以及纤维的分离。整个实验主要是通过高浓度的碎浆机来替代完成的。通过实验得知，碎浆机的转速越高，废纸中的纤维分离率就会越高；同时碎浆的浓度越高，废纸的纤维分离率也会越高。一些专业人员还研究了模塑制品的形状与其强度的相互作用关系，研究表明，在抗压能力上，圆锥和圆柱状的产品要比长方形或方形的产品更强。在纸质模塑跌落测验中，有一个 G 形曲线可以展示其结果。所得方程具有很好的相关性，最大 G 值在下降。不同几何形状的 C-e 曲线表明，所测模塑包装制品最小缓冲率约为 2.0%。Guray 等研究了用于包装录像机的纸浆模塑制品，分别测试了包装制品的拉伸性能和压缩性能，结果表明试样厚度变化对拉伸最大应力的影响显著，而对压缩最大应力几乎没有影响，并利用实验数据进行了有限元建模，得出计算机仿真能很好地用于模拟制品变形过程，适合应用于对模塑制品的结构优化。但同时 Guray 也表明，尽管纸质模塑包装已经可以代替以往的塑料包装，但纸浆模塑包装因为涉及一些生产工艺和生产材料的原因，其成本会比塑料包装高，能源方面的消耗也并不低。因为以往在生产纸质模塑的过程中，对生产工艺以及所用材料并没有经过严格而科学的评估，也没有进行科学而系统的设计。而对植物纤维模塑包装进行系统研究，就是希望借助这个研究，对纸质模塑生产过程中的问题进行查找并加以解决。研究显示，生产废料的处理以及气体排放的处理是模塑包装生产过程中对环境产生影响的两个最主要的方面。而其中产品干燥阶段对环境的影响最大，这也是控制生产成本的关键环节。研究得知，如果能使用蒸气对产品进行干燥处理，这将成为最佳的热源选择。

　　近年来随着我国各方面对环境保护工作的愈加重视，很多高校纷纷开始研究纸浆模塑包装的改进工艺，因为就目前来看，这种纸浆模塑包装是一种已知的，并且有了一些研究成果的，符合绿色环保要求的包装材料。

　　西安理工大学的研究人员对我国用工业纸浆制造模塑包装的实际生产状况进行了分析，认为目前在我国包装材料生产领域中，缺乏纸质模塑产品的生产工艺标准，各企业生产出来的产品各不相同，还没有统一的规范。研究分析了纸浆制造过程中各类助剂的最佳配比，还有模塑成型过程中制造时间与产品厚度之间的科学比例，强调了选择适当的温度对产品干燥过程以及整形过程的重要性。黄丽飞等针对笔记本电脑用的纸浆模塑缓冲包装设计形式进行了研究，提出了模塑制品结构设计的要素，针对产品特性设计了 5 种结构，并总结了每种结构的优缺点和适用场合。陈海燕利用 Pro/E 软件对纸浆模塑制品的模具模型进行了设计，并总结了模具设计的影响因素，得出模具与制品之间的相互制约关系。韩娟等研发了 Apple 笔记本电脑的纸浆模塑包装制品，针对用于电子枪包装的纸浆模塑制品的结构进行了跌落试验，分析了该纸浆模塑包装材料在 4 种跌落高度下的动态缓冲特性，获得了峰值加速度-静应力曲线及其经验公式，为这类包装制品在产品运输防护中的应用提供了一定依据。

江南大学的许佳佳对液晶电视的纸浆模塑包装衬垫的性能进行了测试，试验选取几种不同的原材料进行力学性能测试，包括耐破度、边压强度、不同温湿度静态压缩试验，并利用有限元软件模拟了衬垫的动态跌落过程。天津大学的王和敏研究了短距压缩试验过程中模塑包装材料应力应变曲线，试验分别在不同材料密度与不同试验加载速率下进行，分析数据从而得出纸浆模塑包装制品的缓冲机理，即通过制品的凸台侧壁结构发生弯曲变形和破损而吸收能量，延长载荷作用时间来达到缓冲目的，并用有限元模拟不同参数（高度、厚度、拔模斜度、结构形式等）对凸台缓冲性能的影响。邱仁辉认为，纸浆模塑材料热压过程中纤维的结合主要包括纤维间的机械作用、木质素的作用以及氢键的作用，并且将热压的过程分为挤水段、干燥段和塑化段3个阶段。

胡英华还研发了一种将纤维发泡后制成的缓冲包装材料，这种包装材料是将玉米淀粉与废纸的纤维进行混合制成包装材料。与传统模塑材料相比，这种材料能够承载更多的负荷。发明者经过反复测试，从备选的五种生产工艺中最终确定了两种：一种是将原淀粉加入浓度为1%的浆料中，使淀粉和纤维充分混合，并且令一部分的淀粉比较均匀地分布在纤维的表面；另一种是将糊化的淀粉加入纤维已经分解的纸浆中，经高温处理过的淀粉在纸的纤维上可以均匀地流动，而且还具有黏合剂的作用，使包装材料的强度更高，更具韧性。

我国的专业人员已取得了许多涉及植物纤维模塑包装材料方面的发明专利。林正平发明了一种"植物纤维复合材料的制品及制造方法"。该制品是以植物纤维、淀粉（比例为20%~50%）、米粉（比例为20%~50%）及食用或非食用着色剂（比例为5%~20%）为主要原料，按比例把原料调配组合后，加水进行搅拌，使原料含水率维持在5%~20%；放入模具内，在温度130~180℃和压力10~20MPa范围内进行模压，经过4~9次排气而成型，制得的制品耐水、耐热、耐腐蚀、无毒、无污染且能完全降解，属于绿色环保型产品。

柯继方等发明了一种"植物纤维制品的生产方法"。"植物纤维制品的生产方法"的主要生产流程是先通过相关工艺将纸板制作成纸浆，通过成型机对纸浆进行成型处理。将成型的纸浆通过压榨设备进行加压，初步完成一个定型。在定型的过程中，热处理的时间控制在60s以内，然后将模型放入烘干机中烘干，将含水率控制在65%以内，随后再次通过相关整形设备进行剪裁和定型，最后一道工序是消毒及包装。

朱秀刚发明了"一种植物纤维制品的生产方法"。这种生产方法的主要流程是：先将植物纤维进行粉碎处理，然后与化学性助剂一起注入密炼捏合机加以预处理，使纤维在物理和化学的双重作用下发生改性；再将植物纤维注入膨化挤出机进行处理，这时再添加多种化学制剂以及材料进行捏合，然后通过轧粒机轧成一定规格的粒子；或者直接用膨化挤出机挤成一定规格的定型材料；最后利用热压机、挤出机、注塑机等机械将这些粒子以及型材制成不同的形状，这些植物纤维做成的产品的形状可以是片状，可以呈纸张形态，还有可能是薄膜。传统包装材料中的塑料制品、木制品等都可以被这种新的植物纤维性质的包装所替代。

张业鹏对纸浆模塑包装在何种情况下弹性较好这个课题进行了研究。他在研究过程中使用仿真实验的办法，对模塑结构方面的参数与模塑弹性，也就是缓冲性之间的关系进行了反复测试，其中包括一些复杂的、非常规形状的包装。他把台阶形状、立方体形状、桶型形状这三种形状列为比较有代表性的异型结构。通过专业软件对这三种形状的缓冲性和受力情况进行仿真试验，总结出了一份应变曲线图，这个曲线图可以直观地显现出这些典型形状的模塑包装在受力时会发生什么样的变形。通过分析得出的结论是，当纸浆模塑在弹性方面的负荷小于最大负荷值的80%时，这时的模塑结构将具有最好的弹性。

在我国，纸浆模塑产业还属于起步阶段，发展历史只有20余年。虽然近几年这一行业在国家的支持下有了长足发展，但仍然存在着不少的问题。

（1）对纸浆模塑原材料的力学性能研究不够。我国纸浆模塑产业存在的一个最根本的问题就是对模塑材料的研究还是一个非常薄弱的环节。虽说近几年国内包装材料领域的生产技术有了很大的进步，相关机构和人员在模塑材料的生产设备、生产技术、结构设计等方面进行了大量的研究，但是对包装原材料这一关键内容的研究却很少涉及。实际上原材料才是决定模塑包装产品性能的关键因素，特别是对包装产品的外观以及力学方面的性能有着决定性的影响，因此，在对模塑包装的材料进行测试以及评判时，原材料的情况是不容忽视的，否则这种测试和评判就失去了被采信的价值。在对纸质模塑产品进行研究检测时，所涉及的项目和相关标准比较多，国内现有的检测部门尚无法完成全部的检测，这种状态对于这个行业相关标准的执行非常不利。近阶段我国纸浆模塑制造业尽管也自发形成了一些标准，但涵盖的面还远远不够，而且也未能得到全面的执行，这就阻碍了这个行业的健康、有序和长远发展。所以，当下亟待形成一整套纸浆模塑行业的产品生产标准和检测标准。其中尤其是要尽快制定出关于产品力学性能的生产和检测标准。

（2）生产工艺水平不够高。目前国内模塑材料行业存在的主要问题是产品的质量达不到相关的标准。目前我国大部分企业生产的纸浆模塑产品的厚度一般为1~60mm，最常见的产品厚度是2.5mm。按照这种厚度，模塑包装所能承受的极限质量是150kg。这个质量标准适用于质量在50kg以内、形状比较简单的物品的包装。但是却远远无法满足质量较大、形状比较复杂的物品的包装要求。而且我国模塑制品的合格率仅仅徘徊在90%左右。所以我国在这一领域的当务之急是提升模塑包装产品的质量，与此同时注意保证生产的合格率的稳步增长，并且尽可能降低生产的成本。

（3）模塑制品设计达不到标准化、模块化。由于模具的生产费用在纸浆模塑产品的制造中占有相当大的比例，因此为了节约成本，国外的大部分厂商在对纸浆模塑进行设计的时候就尽可能提高其通用性，扩大使用的范围。比如他们会对隔板、护角以及衬板等模具进行规模化生产，然后在模塑产品制造过程中对这些模具进行反复使用，从而降低整体的生产成本。而在我国这种模具大部分都无法通用，因此导致模塑制品的生产成本长期居高不下。

（4）现有科技含量不够高。纸浆模塑这个行业可以说是"门槛低、发展难"。因为它启动的成本比较低，但对生产技术的要求比较高，企业进入这个行业相对来讲比较容易，但是要想在短时间内改进生产技术，寻求长远发展则难度比较大。

随着科技的发展和社会的进步，纸浆模塑包装应用的范围越来越广，诸如电子产品、家用电器、普通生活用品、五金工具、医疗用具、汽车产品等。这种包装已经在市场上占有越来越大的比例。但目前国内大部分纸浆模塑生产企业都存在着以下问题，那就是生产技术较为落后，产品的技术含量比较低，所生产的纸浆模塑产品难以达到客户的满意。为了解决这些问题，适应市场不断变化的需要，应该采用新的技术来设计制造纸浆模塑产品，即先通过计算机作为辅助，设计出包装的模型，然后将设计方案以及数据录入到原型机中，通过原型机直接制造出纸浆模塑模具或产品。但由于我国在这一技术的使用方面起步比较晚，所以多数企业还不具备用这种技术生产制造纸浆模塑的能力。高新的纸浆模塑产品生产技术目前在我国只有个别企业能够掌握。

1.5.4 关于植物纤维发泡缓冲包装材料的研究

1.5.4.1 原料组分特性

制作植物纤维缓冲包装材料时，使用的天然植物纤维主要有大麻、黄麻、剑麻、麻蕉、亚麻等，这些是属于麻类的材料，另外还有竹子、纸浆纤维、棉纤维、木材等，这些材料一般都呈现出纤维状或粉末状。同时还会加入一些混合物，包括可降解的塑料、发泡剂、胶粘剂、增塑剂和淀粉等。原料种类的不同以及原料成分比例的不同都会形成不同的材料性能。

Shibata 等以甘蔗渣纤维为原料，施加玉米淀粉胶黏剂通过模压制成厚度 $1 \sim 2\min$ 的模压包装材料。芬兰埃博学术大学功能材料研究中心的 Duanmu 等近年来研究了木纤维增强交联淀粉的物理力学特性，研究表明，木纤维在淀粉材料中的充分预混合是保证材料特性的关键因素，木纤维的含量与含水率直接决定了材料力学特性。Lopez 等采用从废报纸中提取的纤维素纤维增强热塑性淀粉制备可生物降解的复合材料，并添加了可生物降解的聚己二酸/对苯二甲酸丁二酯（PBAT）树脂，通过分析材料的机械性能、热性能和吸水性能发现，通过添加废报纸中提取的纤维素纤维能够有效提高材料的抗拉强度和杨氏模量，添加 PBAT 后吸水性显著增强。Cinelli 等将马铃薯淀粉、玉米纤维和聚乙烯醇（PVA）的液状混合物放在模具内烘焙发泡成型，研究了添加玉米纤维和聚乙烯醇后对马铃薯淀粉发泡板材在力学性能和抗湿防潮性能上的影响。随着玉米纤维的增加，发泡板材的力学性能下降，其延伸性和柔软性也下降；添加 PVA 后，更好地缓解了因加入玉米纤维而造成板材拉伸性能下降的现象，同时在淀粉材料中加入纤维和 PVA 后可提高阻水性。

经研究得知，生物复合材料增加了共聚物，由此这种材料的热力学的性能以及稳定性都有了提高，这个结果是与纯热塑性淀粉共聚物材料相对比得出的。如果将天然纤维添加入纯热塑性淀粉中，可以使材料的机械性能明显提高。因为天然纤维可以在其中发挥热稳定剂的功效，令混合物的热稳定性有所提高。通过研究还可以得知，合成聚酯和热塑性淀粉又可以被当作增溶剂来使用，因此，麻纤维比棉纤维具有更好的热稳定效果。

郑州大学的高震等用双螺杆熔融挤出共混技术制备了聚左旋乳酸（PLLA）/醋酸淀粉（SA）共混材料，研究了柠檬酸三乙酯（TEC）、钛酸四丁酯 $[Ti(OBu)_4]$ 和SA 对 PLLA/SA 的力学性能和熔体流动速率（MFR）的影响。实验表明，当 PLLA、$Ti(OBu)_4$、TEC、SA 的质量比为 60：2：8：30 时，共混体系的 MFR 值最大，而它的缺口冲击强度和断裂伸长率最低。中国林业科学研究院木材工业研究所的郭文静等以木纤维（WF）和不同改性聚乳酸（PLA）为原料，采用高速混合平板和热压法制备 WF 质量分数为 70% 的 WF/PLA 复合材料。得到物理力学性能的变化与 PLA 的分子量变化相关，分子量越高，材料的弯曲强度越大，耐水性越好。制备 WF/PLA 复合材料应避免 PLA 分子量下降。山东大学的 Yue 等研究了复合材料基质微观结构和界面形式对含有钢渣的以植物纤维、水泥为基材的复合材料特性的影响。探讨了掺入次级钢渣的基体材料的水合作用机理，这种混合水泥的植物纤维复合材料，其性能取决于基质的结构和界面层。由于大量的水化碳酸钙（CSH）填充了谷粒之间的空间，使基质的微观机构和性能得到有效提高。应春良等的发明专利指出在植物纤维粉、玉米淀粉中加入甘油、大豆蛋白胶粘剂、谷糠等原料，按一定比例混合加压成型制得的复合材料具有快速降解性，而且制品完全无污染，缓冲性能良好。

周谋志等在其发明专利中提出一种秸秆纤维发泡减振缓冲包装材料及其生产方法，其发明方法以农作物秸秆粉碎物和黏结剂为主要原料，其黏结剂主要成分及配比为：PVA：淀粉：水 =（10% ~ 25%）：（25% ~ 40%）：（0 ~ 60%）。研究发现，PVA 的加入使得缓冲材料易于降解，缓冲性能更好。王志军等的发明专利指出，在植物纤维、淀粉中添加轻质碳酸钙、滑石粉、有机硅脱模剂和复合稳泡剂等，经一系列步骤成型制得的轻质植物纤维发泡缓冲包装材料具有较好的缓冲性能和生物降解性能，这种加工技术不污染环境而且具有广泛的原料来源和较低的加工制作成本。陈慧文等的发明专利提出的植物纤维发泡缓冲包装材料制造方法中，在植物纤维、氧化淀粉中加入碳酸钠、滑石粉、碱石灰或瓷土等填料和松香乳液、蜡乳液、聚酰胺、聚脲等抗水剂，注模后加入发泡剂制得复合材料，通过这种制造方法制得的材料可自然降解，缓冲性能更加优良。

索晓红（陕西科技大学）还研制了一套制作纤维素纤维发泡材料的方法，那就是用棉纤维、针叶木纤维、阔叶木纤维等材料制备发泡剂。佘彬莺（福建农林大学）则将化学浆和绒毛浆混合起来，制作出了呈网状的植物纤维缓冲材料，其对这种材料的力学性能以及结构进行了分析。郭安福（山东大学机械工程学院）将天然纤维按照不同的配方进行配制，并研究了这种材料制成的餐盒在力学方面的不同性能。高德（浙江大学）也对植物纤维制成的缓冲性能的包装材料进行了研究，他采用的植物纤维主要是秸秆的纤维，并初步形成了这种包装材料在性能方面的相关理论。

1.5.4.2 成型工艺

复合材料的结构以及性能会因其制作过程中不同的压力、温度以及成型方法而不同。通过对成型工艺进行分析，得到合理的成型工艺及参数，使植物纤维可降解缓冲材料得到理想的物理化学性能和稳定的结构。

根据国内外对于植物纤维制成的多孔材料的研究可以得知，在制作植物纤维为主的复合性材料时，如果添加进玉米纤维，则这种材料在力学性能方面，还有一些物理机械性能方面，都比用马铃薯淀粉制成的发泡板的各项性能要好；而且如果将 PVA 加工成粉末投入到制作材料中，可以明显提高材料在拉伸方面的特性。

同时，提升以及优化材料在热力学方面的性能和稳定性的一个有效办法就是在制作共聚物时添加进生物复合材料；要想提升材料在力学方面的性能，则可以添加进适量的纤维素；要想提升材料的张力、抗力、耐水的性能以及热稳定的性能，则可以加入适量的微棉绒纤维；要想提升植物纤维成分的制品的降解速度，则可以添加进大豆蛋白胶粘剂；要想提升材料在缓冲方面的性能，则可以添加进松香乳液和碳酸钠等。

经研究发现，如果要想提升复合材料综合功能，那么就需要采用化学或者物理的方法对天然植物纤维的性能进行改变。如采用热处理法、碱处理法以及界面耦合改性方法处理植物纤维，改性后的复合材料都表现出更好的力学性能和物理机械性能（包括拉伸强度、抗张强度、断裂伸长率和热稳定性等）。国内研究也在这一领域取得巨大成果，包括对木粉进行苄基化处理，对基体材料掺入次级钢渣，利用尿素和甲醛树脂对植物纤维进行表面处理，使用竹纤维晶体增塑淀粉复合材料，对复合材料原料进行热处理和化学处理，使用 GFC-098 植物纤维改性剂改性，利用微波炉微波辐射处理等。结果表明，对复合材料的性质加以改变后，这些材料的力学性能会得到很好的改进，并且材料纤维的强度和结晶度都会得到加强，反应的周期会明显缩短，各方面的性能也会相应提高。

国内外的相关机构和学者对材料的成型工艺都进行了比较深入的研究。他们通过试验分析了在这个过程中捏合温度与熔融温度、原料重均分子量、原料结晶温度间的影响关系：捏合温度越高，原材料的结晶温度越低，原料中的重均分子量也越低，而熔融的温度则会升高。生产过程中，应当先对成型用的模具进行预加热，然后通过不同的生产设备在同一时间段内完成不同的生产工序，这样就可以明显提高生产效率。

在国外，已经有高校和研究机构对如何以植物纤维为原料制作缓冲材料进行了研究分析，但这些研究还仅限于实验室内，并没有全面推广到实际的生产领域。在国内，对这种利用植物纤维做原料制造缓冲材料的工艺还缺乏系统的研究，也没有形成这方面比较完善的理论体系，因为在我国更注重缓冲材料产品方面的研究和制造，尽管有了一些与生产工艺相关的专利，但是在理论研究和测验方面的投入还远远不够。而且不论是国内还是国外，对于如何将剩余林木更有效地研制成发泡材料这方面的研究还几乎是一个空白的领域，所以需要针对木纤维发泡材料的微观结构与材料物理化学及力学特性的关系进行系统深入的研究。

1.5.5　关于植物纤维复合板类包装材料的研究

目前，国内外学者对于植物纤维复合板类包装材料的研究主要集中在植物纤维复合板热压成型机理的研究、热压成型工艺流程的研究、材料预处理对纤维特性及板材质量的影响、热压成型工艺参数（如压力、热压温度等）对所制成材料性能的影响等方面。

高晨（南京林业大学）进行了这样的试验：他将杨木作为研究材料，用高温的水对杨木进行处理，通过加热减少杨木的半纤维素，然后将处理过的杨木制作成板材，使这种板材的尺寸更加稳定，并且防腐方面的性能也更好。在未加防水剂的条件下，24h 吸水厚度膨胀率从 23.4% 减小到 13.4%；埋地试验结果显示，经高温水热处理及经不同程度延长软化时间热磨的纤维所压板材的失重率均呈降低趋势，板材的防腐性能有所提高。

通过对防水剂用量的实验可以得知：在制作板材时如果采用特殊的热磨工艺，可以有效减少生产中防水剂的使用量。通过对材料的分层厚度的膨胀率进行检测，可以得知：经高温水热处理过的杨木原料制作出来的板材，其表层吸水厚度的膨胀率会比较大，板芯部分的吸水膨胀率则会较小，板材中层吸水厚度的膨胀率与平均膨胀率基本相同。通过对板材进行持续24h的吸水试验，可以得知通常前2h板材的吸水厚度在整个过程中所占的吸水厚度膨胀率是最高的。他还试验将经过不同处理工艺的杨木用于板材的不同部位，比如将经过高温水热处理过的杨木的刨花用于板材的表层，而将未经高温水热处理的杨木刨花用于板材的内芯部位，这样制作出来的板材既有比较好的防水性，又能减少杨木在高温水热处理过程中强度方面受到的影响。所以经过高温水热处理过的杨木板材可以保持较低的吸湿膨胀率。在植物纤维板材生产过程中，对产品质量产生影响的两个关键性因素是热压温度的变化以及热压温度的传递，这涉及板坯要达到的密度要求、胶粘剂的用量、热压的温度、板坯的厚度、板坯的结构类型、板坯原料的特性、板坯最初的含水率等多种因素。刘翔（南京林业大学）进行了纤维板热压传热特性方面的研究，他在原材料中使用了狼尾草和杨木，利用在线温度测试先进技术对热压传热过程以及这个过程对板材的影响进行了测试。这种板材在实施热压工艺的过程中，板材芯部的升温过程会经历四个阶段，即初期恒温阶段、温度迅速提高阶段、芯层水分蒸发时的恒温阶段以及水分蒸发完毕后的缓慢升温的阶段。在这个过程中，一些生产工艺的变化，比如胶粘剂的用量、热压的温度等都会对板材的生产过程产生影响。在整个热压传热过程中，板坯芯层升温速率随着热压温度的提高而明显增加；板坯芯层到达水分汽化温度的时间、水分蒸发恒温阶段的时间随密度的增加有所延长；在慢速升温阶段，板坯芯层的升温速率随密度的增加而有所下降；在快速升温阶段，随着施胶量的增加，板坯的升温速率呈现下降的趋势；在慢速升温阶段，施胶量对纤维板坯的传热过程影响不明显。

剖面密度分布是人造植物纤维板材重要的结构特征，也是影响其物理力学性能的重要因素之一，板材不同的剖面密度分布可以反映生产工艺的合理与否。陈玉竹通过单因子实验探讨纤维板热压工艺过程中热压参数对纤维板剖面密度的影响，得出了闭合速度对剖面密度分布有很大影响：加压闭合速度快，表芯层密度差大，剖面密度曲线陡峭，有利于提高板子刚度和静曲强度；反之，表芯层密度差小，剖面密度曲线趋于平缓，有利于提高内结合强度和边部握钉力。Wang 等通过原位射线（in situ radiation beams）对南方松纤维热压过程进行跟踪，对中密度纤维板（MDF）的垂直密度分布（VDP）形成有了深入的了解。在压板达到目标厚度前后，对板坯表芯层纤维密实化程度、热压机张开后的板坯回弹对密度分布的影响进行了描述。

Kayihan 等研究了刨花板的热压工艺，并且认为热压工艺中包括了3个过程，建立了刨花板热压工艺过程的简单物理模型。热压工艺中的传质传热、板坯内部应力重新分布和松弛，以及胶粘剂的缩聚反应和固化3个过程同时发生并相互作用。保昆雁分析了热压过程中中密度纤维板板坯内部传热传质过程，建立了传热传质的数学模型并进行了数值计算。认为中密度纤维板板坯热压成型过程中，热量传递主要通过对流和热传导两种方式。热压过程中的传质主要是指水分的传质，且水分的传质可以分为分子质量扩散和对流传质。

南京林业大学的潘明珠等采用水热、2%乙酸、2%Na_2SO_3及2%$NaHSO_3$预处理秸秆原料，再将原料分离成纤维，并试制了相应的秸秆纤维板，对比分析了4种预处理方法对秸秆纤维的表面化学特性及稻秸纤维板性能的影响。通过实验可以得知，预处理的方法不同，并不会对秸秆纤维产生很大的影响，但其表面pH的降低可以通过对乙酸的预处理来实现。这种处理可以使脲醛树脂胶粘剂更加牢固地黏合于纤维表面，使秸秆质纤维板的性能大大提高。

研究人员还发现了一种酸处理的工艺，也就是在对秸秆进行热磨前先对其表面进行淋酸，然后在正常的压力下以及加压的状态下分别多次对秸秆纤维进行分离，通过这种工艺可以制造出中密度的秸秆纤维板。通过对秸秆纤维板材进行淋酸处理，可以降低其pH，并且对容量进行缓冲，但秸秆中的蜡状的物质以及包含的二氧化硅并不能通过这种方法彻底被去除。由于通过加压对秸秆纤维进行分离的技术和在板材表面淋酸的技术是基本相同的，所以，即便不采用酸处理的工艺，而仅仅用胶粘剂加以黏合，并且在加压的状态下对秸秆纤维进行分离，用这样的处理方法制造出来的纤维板也能够具备良好的性能，达到国际化的检测要求。同时，如果将热磨机和双螺旋挤压机同时运用于板材制作过程中，秸秆纤维板材的性能会大大增强，比较易于达到国际上对中密度板材质量上的要求。

在生产包装材料时，如果采用的是热压工艺，那么其中两个最重要的参数就是热压压力和热压温度。只有在生产过程中采用合理而科学的热压参数，才能保证包装材料性能的提升。赵一兵曾经对如何达到这一工艺的最优参数进行了反复试验，他在试验中采用了秸秆作为原材料，对原材料制作过程中材料的密度、胶粘剂的使用量以及热压的温度等多种因素的不同变化所产生的结果进行了测试。测试分析结果显示，当热压温度在135℃，热压压力为31MPa时，生产出来的秸秆板材的性能最佳。

陆瑜就模压式木制品的热压成型模具的设计方法进行了研究，针对传统模具生产过程中存在的问题，比如模具使用方法比较复杂，模具的制作成本较高，还有木制品容易弯曲变形、变成鼓泡等问题，专门设计出了性能更加突出的热压成型式模具。房也研究推导了变分方法求解三维热压干燥模具温度场问题的有限元方程，并采用有限元软件ANSYS对热压干燥模具工作表面温度分布和温度时间历程进行了模拟仿真。他还对模具的结构及其相关的应力进行了有限元方程的推导和研究。针对热压干燥模具的性能，利用ANSYS进行了结构方面的静力研究；并据此对热压干燥模具的设计进行了优化。

近年来还有业内人士进行了板材胶粘剂性能等方面的相关研究，这种胶粘剂主要应用于环保型板材。实验的成果颇具价值，有几种新型的无甲醛的树脂黏合剂被研制出来，如：葡萄糖缩二脲树脂、聚乙烯醇糖树脂胶粘剂、葡萄糖三聚氰胺树脂、淀粉尿素树脂和葡萄糖尿素树脂等。孟令（黑龙江八一农垦大学）等人还对不同增塑剂种类对热塑性淀粉在性能以及结构方面的影响这个课题进行了研究。他们采用普通玉米淀粉作为主要原料，分别用甘油、甲酰胺和尿素三种化学物质作为增塑剂，通过高速混合法制备出了热塑性淀粉，并运用 FTIR、SEM、TGA 等手段检测了不同种类增塑剂制得的热塑性淀粉的结构及性能。从制得热塑性淀粉的热稳定性以及与淀粉形成氢键的能力来看，三种塑化剂的优劣顺序为：尿素>甲酰胺>甘油。

江南大学梅志凌以凤眼莲作为生物质原材料，基于热压成型的加工工艺，制成一种新型的环保生物质包装材料，作为包装用中密度纤维板，并采用相应的试验方法和检验指标对材料性能进行测试和评价。结果表明，在加入 0.8%海藻酸钠作为胶粘剂，2%尿素作为增塑剂，1%乳化石蜡作为防水剂，热压温度 150℃，压力 10MPa 条件下制得的生物质包装材料具有较好的综合性能。

南京农业大学韩进以豆秆、麦秆等农作物秸秆为原料，研究了麦秆纤维预处理对板材性能的影响，测试了不同麦秆纤维预处理的温度、弱酸处理、时间长短，与纤维板的性能优劣的关系；还测试了水热处理的时间以及温度与板材力学方面的影响关系。当水温越高时，板材的性能就越好；但是如果水热加温时间过长，板材的性能反而会下降。经测试可以得知，水热处理最适当的时间是 20min，最适当的温度是 100℃。胶量的增加可以提高板材所具有的力学方面的性能，但必须是适量的，否则只能增加厚度，对板材性能并不能发挥显著作用，水热处理下最佳的施胶量为 12%。乙酸处理能显著改变麦秆纤维的表面性质，为酚醛树脂与纤维提供良好的胶合环境，从而提高纤维板力学性能；当加入量为 4%、温度为 80℃、时间为 20min 时，乙酸处理的效果最佳。

Ciannamea 等在对稻壳进行化学改性处理的基础上，采用浓缩大豆蛋白作为胶粘剂，经热压制得了具备一定内结合强度、静曲强度和弹性模量的复合板材，可满足美国 ANSI/A208.1 标准对于 M1、MS 和 M2 级中密度板要求的板材，但在吸水厚度膨胀率方面未能达标。Jin 等采用木材和稻壳作为原料，酚醛树脂作为胶粘剂，经热压制得了具备较高静曲强度和弹性模量的复合板材，但吸水厚度膨胀率并不理想，且未提及板材的内结合强度。

2 包装设计的历史沿革与发展趋势

›››››››››››››››››››››››››››››››››››››››

包装设计的发展与时代性、民族性、国际化、科技创新和环境保护等相融合。本章从包装设计的早期发展和近现代呈现方式两个角度阐述了包装设计的"前世今生"，并进一步描绘了包装设计的未来发展趋势。

2.1 早期包装设计的发展

从远古的原始社会、农耕时代，到古代商业活动的出现，再到商业贸易发达的现代，包装随着生产的发展、科学技术的进步、贸易物流的发达，以及文化艺术的发展，经历了漫长的演变过程，并不断地发生一次次重大突破。

包装绝不仅仅是商品的外衣，更是一种特殊的文化载体。学习包装的历史，要理解包装的形式与当时材料工艺的发展水平、特定的文化习俗是密不可分的。同时学习包装历史有助于设计师积淀设计的文化知识和艺术素养。

2.1.1 天然包装

原始社会的旧石器时代，人们用葛藤捆扎猎物，用植物的叶、贝壳、兽皮等包裹物品。古代的人们因地制宜，就地取材，自然材料经过简单加工或干脆不做任何加工就直接利用。用来包裹的材料非常广泛，如藤、草、竹、木、麻、柳条、玉米皮、葫芦、椰子等。包裹的物品和形式也是多种多样：荷叶包肉、草绳串蛋、葫芦装酒、竹篓装鱼……这些传统的天然包裹形式简单朴素，物尽其用，不乏奇思妙想，让人拍案叫绝。

直至今日，一些传统的土特产品（如茶叶、粽子等）依然沿袭古老的包装方式。同时，随着包装材料和技术的不断发展，以及当今环保包装理念的兴起，天然材料的包装开始回归现代商业与生活之中。

2.1.1.1 柔韧多用的草绳

草是一种绝佳的天然包装材料，用草直接编织或搓绳编织成物品有着悠久的历史。绳子的出现至少可以追溯到数万年前，在人类开始使用最简单工具的时候，便已经会用草或细小的树枝绞合、搓捻成绳子了。人们用搓捻而成的草绳捆绑野兽、缚牢草屋，还编织成草鞋、草帽、蓑衣、草席等生活必需品。草绳具有较好的柔韧性和缓冲作用，可以用来包裹鸡蛋、瓷器等易碎物品。

　　"鸡蛋用草串着卖"居云南十八怪之首，是延续至今的传统习俗。云南山路崎岖，行走困难，鸡蛋又易碰坏，云南人就创造了"草绳串蛋"，如图 2-1 所示。先将数根干草的一端拴在一起，呈放射的爪子状，在"爪子"中放进一个鸡蛋，用草横捆一道，相当于让数个手指把鸡蛋握紧；再逐个扎包紧，使每个鸡蛋都隔开，拴成一串。所用的干草是空心圆柱形结构，具有一定弹性和强度，是一种天然的减振缓冲材料，既便于携带，又使鸡蛋不易碰坏。

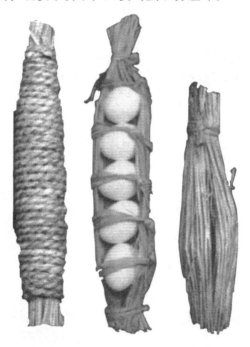

图 2-1　草绳串蛋

　　整串鸡蛋的造型与豌豆非常相似，不知道当地人是不是受此启发。通常十个或八个为一串，以串论价出售，交易简单方便，可以挂在墙上，取用方便。云南腾冲多热泉，当地的人们就把成串的鸡蛋放进天然热泉水中，煮熟售卖。鸡蛋不仅熟得快，而且吸收了包装草、地热泉水中特有的味道和营养成分，从营养到味道都是锅煮鸡蛋无法与之相比的。

　　以往货运和物流没有如今这么发达，陶瓷这种易碎物品在货运过程中要包装得非常完好才不会破碎，当时景德镇陶瓷在运输中就采用草绳对陶瓷进行包装，草绳的柔韧度比较强，能够避免陶瓷在运输和装卸的过程中发生破损。

　　民国以前瓷器的包装都很简单，包装方法及所用材料一般因形而异：碗、盘、瓶、盆、罐等多用葛蔓、草绳、麻绳等直接捆扎；小件陶瓷产品，如汤匙、酒盅、茶杯等，以筐篓盛放，用谷草、稻草、山草衬垫，外面再用草绳扎紧；缸类产品，多为中小套装，缸与缸之间均匀垫草，缸沿之间用草塞牢，然后外套大缸，在中缸口处用粗草绳围捆，缸底衬草防止滑动。

2.1.1.2　享誉中外的茶

"茶为国饮，发乎神农氏，闻于鲁周公，兴于唐而盛于宋。"用箬叶包装茶饼，然后放入茶焙中存放，是宋代茶叶的包装及储放方法，这种用箬叶包装茶叶的方法一直延续到现在。

20 世纪 60 年代以前，普洱茶采用云南天龙竹、香竹壳作为筒身包装，此类竹壳较为柔软，无刚毛。近年以其他质地较硬、刚毛较多的竹壳替代。

这种包装的好处是：取材合理，成本极低；材质天然原生态，避免了包装产生的二次污染；竹壳笋皮不仅透气，还能遮风挡雨，为普洱茶营造了良好的微环境。所以竹壳包装经久不衰，从诞生之日起，就与普洱茶相伴至今。在云南一带，包裹七子饼茶的材料也是采用当地生产的竹笋壳，捆绑用竹篾及竹皮，颜色与竹箬相若，如图 2-2 所示。

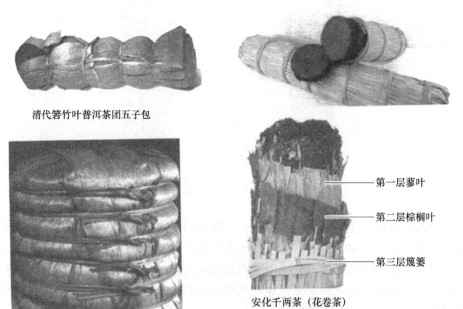

清代箬竹叶普洱茶团五子包

云南竹笋壳普洱茶一筒七饼

第一层蓼叶

第二层棕榈叶

第三层篾篓

安化千两茶（花卷茶）

图 2-2　天然材质的茶包装

据史料记载，千两茶最早出现在清朝同治年间，由山西茶商设在安化边江茶行"三和公"号首先创制而成，距今约有 140 年的历史。"千两茶"以每卷（支）的茶叶净含量合老秤一千两而得名，因其外表的篾篓包装成花格状，故又名"花卷茶"。其以安化上等黑茶为原料，包装造型较为独特，圆柱状三层包装：茶胎用经过特殊处理的蓼叶包裹，能保持其独特的茶香和色泽；中层衬以棕榈叶，可防水防潮，保护品质；最外层用新鲜楠竹的花格篾片捆压勒紧箍实，便于长途运输。

2.1.1.3 香透古今的粽子

端午食粽是从战国时期流传下来的一个古老民间习俗，是现在端午节必不可少的食物，据说端午节和粽子都是为了纪念屈原而诞生的，也是中华文化的典型代表。粽子最初是用竹筒装米投入江中以示祭奠，这就是我国最早的粽子——筒粽的由来。

西晋周处《风土记》说，端午节用菰叶裹黍米粟枣，叫作筒粽，也叫"角黍"。明代李时珍《本草纲目》中清楚地说明用菰叶裹黍米，煮成尖角或棕榈叶形状的食物，所以称"角黍"或"粽"。真正完成从"角黍"到"粽子"的转化过程，大约在明清时代，这一阶段的粽子内容有了本质的变化，糯米取代了原本的黍米，粽子包裹材料从菰叶变革为箬叶，后来又出现用芦苇叶、竹叶、芭蕉叶、荷叶包的粽子。

由于地域不同，我国南北方粽子的包裹用的叶子有很大的差别。南方常用箬叶包裹，北方常用芦苇叶包裹，体现了因地制宜、就地取材的思想。粽子的形态也各不相同，有三角锥形、斜四角形、秤锤形、菱角形、长方形、枕头形、特异形等，如图2-3所示。粽子捆扎线的材质和样式也是多种多样，成为一种独特的文化符号。这种风俗从古流传至今，从中国传到朝鲜、日本及东南亚诸国。

图2-3 我国不同地区形态各异的粽子

2.1.1.4　吉祥寓意的葫芦

葫芦在我国栽培历史悠久，距今已有 7000 多年。葫芦古代称作瓠、匏（páo）或壶，俗称"葫芦瓜"。最早的文字甲骨文中已经出现了"壶"字，呈葫芦形。

《国风·豳风·七月》中"七月食瓜，八月断壶"，指的就是盛药的葫芦，即"药葫芦"。葫芦的用途非常广泛，除了食用外，还被制成各种容器来盛水、酒、药、粮食、鸣虫等，还可制成乐器和火器。

自唐以来，因葫芦谐音"福禄"，为民间所喜爱，葫芦瓶遂成为传统器形。及至明代嘉靖时，因皇帝好黄老之道，此器尤为盛行并多有变化。从元代起，出现了八方葫芦瓶、上圆下方葫芦瓶，以及扁腹葫芦等各式葫芦瓶。明清两代，葫芦瓶大量烧造，器形也有较多变化，有方形、圆形、蕴含天圆地方之意的上圆下方和多棱形等许多品种，如图 2-4 所示。

图 2-4　葫芦瓶

葫芦瓶以其优美的造型传承至今，成为许多中外设计师们喜爱的设计元素，并结合现代包装的材料、工艺及审美要求，设计出各种新颖别致的葫芦瓶，如经典的芬达瓶形、日本八海山的清酒瓶等。

2.1.1.5　技道合一的竹编

李约瑟（英国近代生物化学家、科学技术史专家、汉学家）在其撰著的《中国科学技术史》中指出："没有哪一种植物比竹类更具有中国景观的特色，没有哪一种植物像竹类一样在中国历代艺术和技术中占据如此重要的地位。"

古人称竹"不刚不柔，非草非木"，兼备了形而下的器物之用与形而上的精神品质。我国古人在实践中，发现竹子干脆利落，开裂性强，富有弹性和韧性，而且能编易织，坚固耐用，又可供观赏，于是，竹子便成了当时器皿编制的主要材料。竹编特有的编织结构，以及图案表现出的独特美感，使其成为中国元素重要的标识性工艺之一。

竹编在我国源远流长，早在新时期时代祖先们就已经能用竹编编一些竹篮、竹筐，主要用来盛放东西。

到战国时期，竹编开始形成一种工艺，人们开始追求竹编上的美观，出现了各种各样的纹饰以装饰竹编，到后来发展得更为精美、细腻。

宋元时期，竹编工艺水平又有了提高，元宵节时的龙灯、花灯、舞龙已十分盛行，龙头和龙身的骨架便是用竹篾编造的。

明清时期，竹编艺人逐渐增多，竹编工艺达到高峰。

中国台湾地处温带、亚热带之间，既生长温带散生单株型竹子，也生长亚热带联株丛林型竹子。中国台湾原住民与竹子有着不解之缘：他们吃的是竹笋，戴的是竹笠，穿的是竹鞋，坐的是竹凳，住的是竹屋；劳动工具中，也多有竹制品，如渔具、农具、猎具等。因此，中国台湾竹编艺术拥有自己的优良传统和浓厚的地方特色，在世界竹编艺术领域享有盛名。

2.1.1.6 田园风的藤编包装

藤编包装是以藤类植物茎秆的表皮和芯为原料的编织包装，常见的还有藤编工艺品和实用品，如图 2-5 所示。

图 2-5 藤编包装粽子

腾冲是闻名遐迩的"藤编之乡"，盛产藤条，其质地坚韧、色泽光润，手感平滑，身条极长；其外皮色泽光润，手感平滑，弹性极佳，似篾而非篾，故称藤篾，是一种上好的天然编织材料。古往今来销路旺畅。

田园风一直都是备受人们喜爱的一种风格，特别是在春夏季，藤编设计更是清爽风格的标志。

2.1.2　形式与功能完美统一的容器

　　我国早在距今五六千年前的原始社会后期就出现了商业活动，春秋时期手工业的发展推动了商业的繁荣，形成了临淄、邯郸、宛、陶等商业中心。由于生产力的发展，剩余产品越来越多，交易活动发展起来，由近及远，逐步扩大。各种产品不仅需要就地盛装，就近转移，还需要经过包装捆扎送往远方的集市，尤其是那些容易受损变质的产品，需要保护功能良好的包装容器来保证远距离运输和交易的顺利进行。这样，仅靠那些从自然界直接取自动植物的原始包装，已不能满足商业需要，于是创造出了陶器、青铜器、漆器、瓷器等人造器物，可谓巧夺天工，翻开了人类文明的一个又一个新篇章，融汇成光辉灿烂的古代文化艺术宝库。

2.1.2.1　古朴灵动的陶器

　　女娲捏土造人是中国最古老的创世神话，古人则用泥土创造了人类文明的曙光——陶器。陶器是人类发挥自己的创造性和主观能动性将大自然的东西改造成器皿的首次尝试，这意味着人类文明从此诞生。它揭开了人类利用自然、改造自然的新篇章，具有重大的划时代意义。

　　陶器的出现标志着新石器时代的开端，陶器的发明也大大改善了人类的生活条件，在人类发展史上开辟了新纪元。

　　我国是世界上最早使用陶器的国家，其时间大约为 2 万年前。到新石器时期，陶器的种类多达数十种，用途广泛，有存储用的瓮、罐、尊、盆，蒸煮用的鼎、甑（zèng）、甗（yíng）、鬶（guī）、鬲，饮食用的碗、盘、杯、钵、壶、瓶，还有丧葬用的瓮棺、庆典用的陶鼓以及各种陶塑。

　　当陶器的制作日趋成熟后，古人就不再满足于仅仅实现陶器的实用功能，而是用自己的审美观念，把在长期劳动实践中对生活的观察、体验，乃至自身感受到的运动、均衡、重复、强弱等节奏感用画笔在陶器的表面绘制出来，创造出世界文化的瑰宝"彩陶"。

　　彩陶是在打磨光滑的橙红色陶坯上，以天然矿物质原料彩绘，然后入窑烧制。烧制成形的彩陶呈现出赭红、黑、白多种颜色的图案，其画面多为动物、植物，以及变化多样的几何图形。彩陶器形在完善功能的基础上，造型样式千变万化，装饰技巧高超，创造了异常丰富的纹饰图案，艺术效果让人叹为观止。

　　彩陶是中华民族的文化瑰宝，彩陶将陶器从器皿变成了艺术作品，表现了古人对精神文化、艺术审美的高雅追求。古人在制作彩陶时，首次将图案应用到器物上，由于当时他们已经十分擅长处理器物的形状、角度和图案三者之间的关系，哪种形状的器物的哪个角度绘制怎样的图案更好看、更加协调，他们对此已经了如指掌，因此制作出的许多彩陶都十分精美。线条画得规整流畅，图案的组织讲究对称均衡、疏密得体、虚实变化，并有一定的程式和规则。而且他们在颜色的处理上也十分精通，将丰富的色彩运用到彩陶的绘制上，将具体与抽象、简单和繁琐的艺术形态呈现在彩陶上，形成人们在视觉感官上的巨大冲击，后代世人对于这些艺术精品无不赞叹。

总体来看，我国的彩陶纹饰，如图 2-6 所示，按形式大体分为四类：

（1）几何纹。以点、直线、弧线构成的几何纹，有锯齿纹、波浪纹、菱格纹、三角纹、网纹、圆圈纹等。形状美观而富有韵律，数量最多。这既是早期陶器中编织物纹印以及渔网、水涡、树叶等图案的延续和变化，同时也是原始人内心音乐涌动和视觉的表现。

马家窑类型将旋涡纹、波浪纹、圆圈纹等运用到了登峰造极的程度，产生优美的韵律和强烈的动感，视觉艺术令人震撼。其中，旋涡纹是结构最复杂、完美、典型的几何纹饰之一。例如，陇西吕家坪采集的尖底瓶，需用三个涡纹的中心圆点作为定位点，然后再以圆点为中心，向四周引出弧线，构成连续的旋涡纹。

（2）植物纹。植物纹的数量较多，如叶瓣纹、豆荚纹、花卉纹、葫芦纹、种子纹。其中以源于关中地区的"圆点勾叶弧三角"纹，即玫瑰（或月季）花纹标志性最强、流传最广，大半个中国的彩陶文化皆使用类似图案。

（3）动物纹和人纹。常见的动物纹有鱼纹、鸟纹、蛙纹、蝌蚪纹等，还包括极少猛禽异兽纹，此类纹饰数量不多，但极具特色，给人过目不忘的深刻印象。最为称奇的是，神秘的人面纹与鱼纹巧妙地组合在一起，还有舞蹈人纹、变体人纹等。无论是植物纹、动物纹还是人纹饰，都是对自然界中动植物形象的抽象化和艺术化，形神兼备，显示了彩陶艺术写心写意的高超水平。

（4）吉祥寓意的纹饰。如回形纹、万字纹、山字纹、八卦形纹等。还有一些意义不明的、神秘而怪异的纹饰，反映了当时人类精神层面的某种信仰、崇拜、认识、生活习俗等，有待学者进一步研究和解释。

2.1.2.2 巧夺天工的瓷器

瓷器是中国人发明的，这是举世公认的。经过一系列的调查和举证发现，我国瓷器的发展经历了几个重要的阶段，第一个阶段是诞生，商朝和周朝时期的先人已经掌握了原始瓷器的制作技术；第二个阶段是从从春秋战国时期到两汉时期，这个时期是瓷器从原始向成熟阶段过渡。可见，瓷器的诞生时期晚于陶器，究其原因是因为瓷器对制作温度、化学成分和材料有更高的要求。

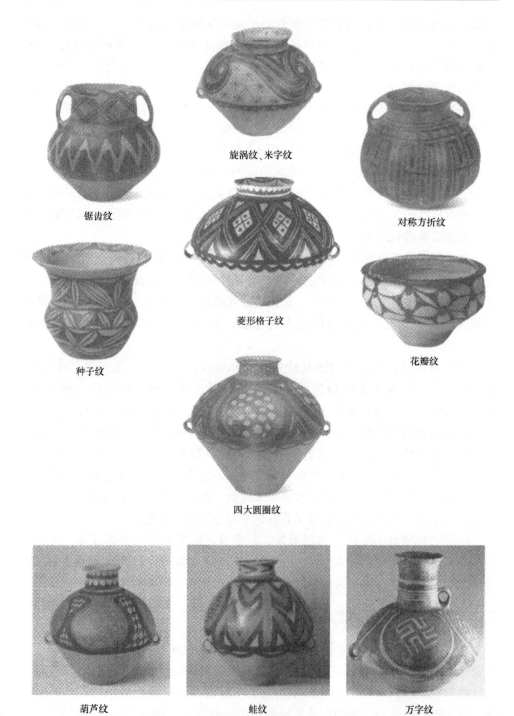

旋涡纹、米字纹

锯齿纹

对称方折纹

菱形格子纹

种子纹

花瓣纹

四大圆圈纹

葫芦纹

蛙纹

万字纹

图 2-6　丰富多彩的彩陶纹样

　　唐代是中国瓷器发展的第一个高峰期，形成北方邢窑白瓷"类银类雪"、南方越窑青瓷"类玉类冰"的格局，史称"南青北白"。这一时期，三彩陶器、黑釉、雪花釉、纹胎釉以及釉下彩瓷也尽显风采。

　　唐三彩是一种盛行于唐代的陶器，以黄、褐、绿为基本釉色。现存的传世和出土的唐三彩器物可以分成两大类：（1）雕塑器类：陪葬的明器，建筑物中有楼阁、庭院、假山，牲畜中有马、骆驼、牛、羊、猪、狗、兔，人物形象中有僮仆、武士、天王、舞乐伎等。其中以人物俑、动物俑的数量最多，而且形象鲜明，栩栩如生。（2）圆琢器类：生活用具中有瓶、壶、盘、钵、碗、灯、枕、烛台，文房用具中有水注、水盂、砚台等，可说是一应俱全，无所不包。

　　唐三彩再现了唐代社会生活风貌，被誉为唐代社会的"百科全书"，外国的波斯三彩、伊斯兰三彩、新罗三彩、奈良三彩等，中国的辽三彩、宋三彩、明三彩、清三彩等都深受其影响。

　　相传唐代还有一种专供皇室使用的"秘色瓷"，采用秘密配方烧制，美轮美奂。有诗为证，唐代诗人陆龟蒙有一首名为《秘色越器》的诗："九秋风露越窑开，夺得千峰翠色来。好向中宵盛沆瀣，共稀中散斗遗杯。"五代时有一位诗人徐夤曾赞叹秘色瓷："捩翠融青瑞色新，陶成先得贡吾君。巧剜明月染春水，轻旋薄冰盛绿云。古镜破苔当席上，嫩荷涵露别江湄。中山竹叶醅初发，多病那堪中十分。"由于实物失传，秘色瓷显得更加神秘，直到 1987 年陕西扶风县法门寺唐代塔倒塌，在地宫中发现了 16 件瓷器，被认为是秘色瓷，至此终于揭开千年神秘面纱。

　　宋代是中国瓷器空前发展的时期，并开始对欧洲及南洋（明清时期对东南亚一带的称呼）诸国大量输出。瓷窑遍及南北各地，名窑迭出，品类繁多，除青、白两大瓷系外，黑釉、青白釉和彩绘瓷纷纷兴起，以钧、汝、官、哥、定为代表的众多各有特色的名窑在全国兴起，产品在色彩、品种上日趋丰富。

　　元代在景德镇设"浮梁瓷局"统理窑务，发明了瓷石加高岭土的二元配方，烧制出大型瓷器，并成功地烧制出典型的元青花、釉里红及枢府瓷等，尤其是元青花烧制成功，在中国陶瓷史上具有划时代的意义。青花瓷釉质透明如水，胎体质薄轻巧，洁白的瓷体上敷以蓝色纹饰，素雅清新，充满生机。

　　与青花瓷并称四大名瓷的还有青花玲珑瓷、粉彩瓷和颜色釉瓷。另外，还有雕塑瓷、薄胎瓷、五彩胎瓷等，均精美非常，各有特色。

　　明清时代，瓷器从制坯、装饰、施釉到烧成，技术上又超过前代，进入瓷器的黄金时代。釉下彩瓷、釉上彩瓷以及各式颜色的釉瓷器，以其独特的艺术魅力，得到世界各国人们的喜爱。明朝宣德时的宝石红（宣德宝烧）成为中国古代瓷器中最为名贵的珍罕品种，清朝康熙时的素三彩、五彩，雍正、乾隆时的粉彩、珐琅彩都是闻名中外的精品。

2.1.2.3　精美的玻璃容器

玻璃容器的历史非常悠久，在四大包装材料中，玻璃是最早出现的。早在公元前三千年，古埃及就形成了比较发达的玻璃制造业与精美的玻璃艺术，玻璃在古埃及是比金银还要珍贵的东西，工匠用玻璃制成玻璃杯、雕像、首饰及家具镶嵌饰物。玻璃容器之所以能被早期的人类制造出来，主要是因为它的基础材料在自然界中非常容易获得，如石灰石、苏打、硅土或沙子，当这些材料经高温加热熔融在一起时，就形成了液态玻璃，可供随时铸模成形。

公元1世纪，罗马成为玻璃制造业的中心。罗马人发明了吹制技术，用长约1.5m空心铁管的一端从熔炉中蘸取玻璃液（挑料），再通过另一端的吹嘴将空气注入熔融态玻璃中，形成玻璃气泡，最后使其冷却成型。该技术使工匠能够制作形状、质地及颜色独特新颖的玻璃制品，同时降低了制造成本，使得玻璃器皿开始逐渐走进普通人的日常生活。

古罗马的玻璃器皿造型十分丰富，装饰方法主要有三种：（1）铸造法，即器物与纹饰直接模铸成型。（2）热熔镶嵌法，即马赛克玻璃。（3）浮雕法，一种写实性或装饰性图案的工艺，使玻璃器皿更显华丽。

商品玻璃直到12世纪才出现，并开始成为工业材料。13世纪，伴随着文艺复兴的兴起，威尼斯成为西方世界的玻璃制造中心，其以珐琅彩绘式的玻璃器皿为特色。15世纪末，以彩绘为装饰的玻璃器皿逐渐被透明度较高的玻璃器皿取代，这种玻璃器皿造型优美，表面光洁，器壁薄，色彩自然而变化丰富，充分发挥了玻璃器皿自身材料和工艺的性能。16世纪，开始用玻璃制造酒瓶，但价格比较昂贵且易碎，当时酒包装以皮革、瓷罐为主。

17世纪，被誉为"近代酒瓶之父"的肯耐姆·迪格比爵士改进了玻璃酒瓶的制作工艺，他所制作的玻璃酒瓶更加厚重和结实，价格也更便宜。这种玻璃瓶在英国被视为时尚，从而带动欧洲葡萄酒生产国使用了大量的玻璃器皿。玻璃酒瓶因其高贵优雅的质感、瓶形的多样性，以及装饰性的显著优势，使得人们逐渐开始用玻璃瓶盛装葡萄酒，取代传统的木桶，极大地方便了运输并促进了销售，至此，玻璃才被广泛用作商业包装来生产酒瓶。

初时的酒瓶为球形，后来陆续演变为气球形、洋葱形、圆柱形等多种形状。随着工业革命的蓬勃发展，玻璃生产技术得到了改进，至1821年英国人发明机械制瓶机后，酒瓶才演变至现今的形状。

2.1.3　商业促销包装的雏形——标示及标贴

促进商品销售是包装最为重要的功能，只有当包装与商业紧密结合在一起时，才成为真正意义上的包装。包装与陶瓷器皿等传统容器、一般的物品容器有显著区别——从属性和商品性。包装一般是用来装放商品的外壳，从商品经济来说，在交易过程中包装和商品一起卖给消费者，从而实现商品的自然属性和社会属性的统一。

随着商品经济的发展，企业为了争取更多的竞争优势，就要重视包装，因为包装不仅代表了企业的标记，而且一个好看的包装还会帮助企业吸引更多购买力。目前发现最早的商业标签是古罗马帝国时代用于装酒的双耳尖底瓶的印章或标记，用来标明产地、生产者和生产时间。

中国现存最早的一份印刷广告是宋代（960~1279 年）济南刘家功夫针铺广告，同时它也是一张包装纸，四寸见方，铜版印刷。正中有店铺标记——白兔捣药图，并注明"认门前白兔儿为记"。下方是广告语："收买上等钢条，造功夫细针。不误宅院使用，客转兴贩，别有加饶，请记白。"它是集包装纸、传单、招贴三位于一体的设计形式，具有浓厚的商业色彩。

我国发现的最早使用的商标，是 1964 年在陕西咸阳以及后来在河南长葛市出土的西汉铁器，许多铁器上面铸有"川"字，"川"指颍川阳城（今天的河南登封市告成镇）。另外，在北京郊区大葆台西汉古墓出土的文物中，有的铁斧上面铸有"渔"字，"渔"指渔阳郡（今天的北京密云区）。

2.2　近现代包装设计的呈现方式

2.2.1　20 世纪之前的包装

自 16 世纪以来，由于工业生产的迅速发展，以陶瓷、玻璃、木材、金属等为主要材料的包装工业开始发展。18 世纪末到 19 世纪初的工业革命带来了生产力的极大发展，推动了包装工业的发展，从而为现代包装工业和包装科技的产生和建立奠定了基础。进入 19 世纪，包装工业开始全面发展，传统包装向现代包装转变。在整个转型的过程中，技术的发展起到了推动性的作用。

1800 年机制木箱出现；1803 年制纸机的产生，标志着纸张的生产从此进入到机械化批量生产的时代；1810 年金属罐保存食品的方法被发明；1814 年英国出现了第一台长网造纸机；1818 年镀锡金属罐出现；1856 年美国发明了瓦楞纸；1860 年欧洲制成制袋机，同年发明了彩色印铁技术；1868 年美国发明了第一种合成塑料袋"赛璐珞"；1879 年美国公司设计制造出模压折叠纸盒包装；1890 年美国铁路货物运输委员会开始承认"瓦楞纸箱"正式作为运输包装。

随着印刷技术的发展，石板套印工具和技术在 1850 年左右诞生，从此葡萄酒的标签有了彩色版本并得到广泛应用。葡萄酒的标签其实具有双重作用：通过对标签的严格管理，一方面可以控制葡萄酒的品质，另一方面也能让消费者通过标签就很容易地辨别葡萄酒的原产地、类别、品质、年份、酒精含量、容量等重要信息。

　　商品经济的迅速发展，必然使得市场中流通、交易的商品越来越多，人们的消费需求也越来越多样化。包装在商品流程中具有重要作用，许多时候是因为商品的包装才使商品成为消费者关注的重点。作为销售媒介和以引导消费为目的的包装设计，被赋予了新的使命。廉价彩印技术的出现又使得简陋的纸盒、铁盒变得丰富多彩起来，极大地推动了包装设计行业广泛和快速的发展。

　　自20世纪80年代，企业逐渐创造品牌，当时这些品牌的名称主要来源于企业的名称，其中烟草行业对此进行了首次尝试，部分烟草企业成为"第一批吃螃蟹的人"。例如，威尔斯为他们的香烟取了许多富有浪漫色彩和异国情调的名称，如"甜蜜花儿"、"主教之火"等。目前全球知名度最高的茶叶品牌"立顿"也是在这一时期创立的。此后，厂家开始注重通过包装画面的形式来润饰他们的品牌，以增加人们对品牌的信赖感，商品包装开始具有许多现代包装的特征。

2.2.2　20世纪至今的包装

　　20世纪初玻璃纸的发明标志着塑料时代的到来。1911年英国正式开始生产玻璃纸，1927年发现了聚乙烯，1930年其应用于包装，将塑料作为包装材料是现代包装技术发展的重要标志。对于设计师来说，这种材料赋予了包装造型永无止境的创造力，使包装容器由硬质发展到软质，为创新提供了广阔的空间；对于消费者来说，塑料包装使商品变得更廉价，各式各样的造型和可挤压的特性使他们感到愉悦和便利。

　　第一次世界大战中，由于战争需要，各国开始用马口铁罐制造大量的罐头，促进了金属包装的快速发展。第二次世界大战前后，军事工业推动了包装工业的发展，出现了机制纸、聚乙烯、铝箔、玻璃纸四大基本包装材料。

　　20世纪50年代，超级市场在世界范围内普及，并开始取代传统的杂货店，对包装业产生了巨大影响。包装作为一个"无声推销员"，要求包装设计集中在品牌的辨识上，扩大商标的名字或标志，以及观众熟悉的色彩上。包装设计的理念由此发生了重大转变，以保护商品安全流通、方便储运为主的传统包装理念，向以美化商品、促进销售为主的现代包装理念快速转变。系列化包装开始大量涌现并迅速普及，成为企业品牌战略的重要组成部分。

　　20世纪50年代，随着商品经济和国际贸易的迅速发展，包装在商品流通市场上占据了重要地位，而且受到了许多国家和地区的关注、重视，当时市场上流通的商品大多数都有包装，而且包装的种类、形状逐渐多样化、丰富化。同时在包装的制作和生产过程中运用了越来越多的技术，比如激光技术、电子技术等，这不仅实现了包装的自动机械化生产，而且大大提高了行业的生产效率。

　　自20世纪60年代开始，人们提出可回收再利用的课题。随着新材料的出现，无法处理的包装垃圾越来越多，玻璃瓶、纸和纸盒、铝箔等包装形态又重新得到开发。公益性文字开始出现在各类包装画面上，如"杜绝毒品""注意环境的整洁""吸烟有害健康"等。

20世纪80年代以后，包装已成为人们生活中不可缺少的部分。各国开始加大了对包装的管理，对其有关规定也日趋严格、规范，越来越多的设计师开始意识到了包装设计对保护环境所具有的重大意义。

2.2.3 现代商业社会中的包装设计

在过去的2个世纪里，顺应商业的需求，包装以人类加工制造的形势蓬勃发展。虽然包装总是被用来保存产品，但如今其发展比历史上任何时期都更迅速和先进。包装是理所当然的东西，它既能作为一块可携带的广告牌、一层保护壳、一种告知方式，也可以作为产品的一部分。当今世界具有先进的交通运输、分销网络和零售业，人们依赖包装将商品安全可靠地从制造地点带出，经零售市场，带入需要使用的地方。

现在，包装已成为传达商品信息的视觉媒体，通过包装可以传达商品的类别、品质、属性、成分、价格等。据专家分析，消费者购买的全部商品中，76%是经过包装的。

所以，包装是现代社会商品活动不可缺少的重要载体。现代包装是在现代商业、科技影响下的包装设计，它与古代包装有着明显的本质差别，独特的造型、精美的材料、印刷工艺的发展和先进的科技手段，使其具有防振、防潮、保鲜、杀菌、避光等多方面的功能。

现代包装起源于19世纪末。工业革命为制造业带来了巨大变化，大规模机械的引进不仅应用于商品本身，也应用于包装上。

纸板盒因重量轻、印刷方便以及可压平的结构，节省空间，而被广泛使用；金属盒也在这个时期大规模发展，它是纸板盒有效的替代品，尤其是对于一些容易变质的产品，如饼干、糖果等。食品首次装进了密闭卫生的金属容器——罐头。

20世纪至今，制造技术的发展使金属容器以各种造型出现，在计算机辅助制造技术的发展推动下，人们熟悉的第一批新颖包装产生了。

造纸术和印刷术的发明是中华民族对世界文明做出的重大贡献。印刷术的发明大大拓展了包装的销售功能。

印刷术为顺应包装技术的发展而求新求变，不论用何种材料，品牌形象必须在容器上显现出来。玻璃瓶、陶罐、纸板盒、罐头等，任何包装都需要各种形式的标牌加以识别，这对于原本普通的商品来说有极为深远的影响，商标赋予其品牌价值。例如：有些食品包装外盒上的图案，往往比产品本身更具有吸引力。随着彩色印刷术的发展，设计师们能够为产品设计形象，而这种形象通常可以成为产品的特征。如今，品牌特征和产品本身显得同样重要，并且对消费者的购买起着关键作用。

　　当今世界，消费市场无数价值观并存，"形象"成为商业中重要的因素，现代社会以"形象消费"为特征，包装如何赋予商品某些含义成为设计的关键。包装设计必须充分了解消费心理及市场动向，并预测潜在市场，满足社会不同层次人群的各种不同需要。

　　例如：给人以凉意的，具有曲线美的可口可乐玻璃瓶（见图2-7）曾经深受总统们和电影明星的喜爱，同时它也被赞为全球最受认同的包装之一。20世纪初这一设计最早被设计出来，那时可口可乐常受到对其产品和包装模仿的威胁。因此1916年，一段文字出台："可口可乐瓶是即使人们在黑暗中也能辨认出的可乐瓶，可口可乐瓶是即使破碎了人们也能一眼认出其形状的可乐瓶。"

图2-7　可口可乐玻璃瓶

2.3　未来包装设计的发展趋势

2.3.1　绿色包装

　　商品的包装之所以被有些人称作"垃圾文化"，就是因为它制造了大量污染环境的垃圾，人们的忧患意识促使"环保型"的包装及包装替代材料的研制开发，废旧包装的回收利用得到了发展，并形成了新的产业。1972年联合国发表《人类环境宣言》，拉开了世界绿色革命的帷幕，对于包装界而言，绿色包装是20世纪最大、最震撼人心的包装革命。

　　"绿色包装"（green package）又可以称为"无公害包装"和"环境友好包装"（environment friendly package），指对生态环境和人类健康无害，能重复使用和再生，符合可持续发展的包装。

　　绿色包装是未来包装的一个重要发展趋势，实现绿色包装可通过如下几个途径：（1）简化包装，节约材料。既降低成本、减少浪费，又减轻环境污染，更主要的是树立了企业的良好形象，拉近了同消费者的距离。（2）包装重复使用或回收再生。如在日本兴起了多功能包装，这种包装用过之后，可以制成展销陈列架、储存柜等，实现了包装的再利用。（3）开发可分解、降解的包装材料。目前已开发研制出多种可降解塑料，如有的塑料包装能够在被弃埋入土壤后，成为土壤中微生物的食物，在很短时间内化为腐殖质。

2.3.2 便利包装

随着现代工作和生活节奏的逐步加快，时间和效率成为最重要的因素，消费者越来越青睐那些省时、清洁，能够为生活带来最大便利的包装产品。便利包装成为一个重要的市场增长点，一款包装的重量、易打开程度、携带的便利性等，都会影响消费者做出的购买决定。

随着越来越多的消费者开始选择外带食品和饮料，产品包装的便利性也就成为吸引客户的一个法宝。据调查，有41%的美国人和38%的澳大利亚人会在开车或走路的时候喝饮料。移动饮食的日益流行对产品包装的便利性、可见度和吸引力提出了更高的要求。小包装饮料产品易于储存，节省空间，同时便于携带；多件包装意味着多功能。小包装和多件包装由于符合移动饮食的流行趋势，逐渐成为时尚，"小包装革命"已经蔓延至各个年龄段的消费者群体以及多种饮料产品。

"可再封包装"又称为"可重复密封包装"，是近几年刚刚兴起的一种新型包装形式。可再封包装既方便使用，又可适度保鲜。最近的一项市场调研结果表明，消费者对于可再封包装的需求贯穿在生活的方方面面，其中奶粉、果汁等冲饮品的需求占25%，糖果、坚果、麦片等休闲食品的需求占23%，面包、麦片等早餐谷物食品的需求占15%，并且90%以上的消费者并不介意为商品配上拉链所增加的成本买单，最重要的是包装能够为使用者带来真正的便利。

2.3.3 情趣化、个性化包装

当今社会已进入个性化的时代，通过消费彰显个性已经成为众多消费者的需求，特别是对于年轻人和时尚人群，其个性化需求更为强烈。现代包装设计也逐渐由功能性、实用性向以视觉要素整合为中心的个性化、情趣化方向发展。

情趣化主要表现为情感化和趣味化两大趋势。情趣化包装的表现形式或高雅含蓄，或诙谐幽默，或天真烂漫，或暗藏智慧。通过包装的造型、结构、色彩、图文、材料等设计语言，赋予包装个性、情趣和生命，使消费者获得全新体验和高层次心理需求（情感需求和尊重需求）的满足，如图2-8和图2-9所示。

2.3.4 活性和智能包装

近年来，由新技术引领的活性和智能包装正在迅速崛起。为了保证食品安全，使消费者不误食变质食品，科学家研究出一些能指示食品是否变质的新型包装技术以及延长食品保鲜期的包装技术，这些技术统称"活性包装技术"或"智能包装技术"。

图 2-8　斯米诺果汁酒独特的体验包装设计

图 2-9　俄罗斯 Soy Mamelle 情趣化豆奶包装

2.3.4.1　活性包装

"活性包装"（active packaging），是指在包装袋内加入各种气体吸收剂和释放剂，以除去过多的 CO_2、乙烯及水汽，及时补充 O_2，使包装袋内维持适合于水果蔬菜贮藏保鲜的适宜气体环境。

活性材料在食品包装上得到广泛应用，是因为它能显示出食品是否安全，目前许多公司正在对活性材料的活性包装进行深入研究。

根据研究和调查显示，包装的材料不同会对食品的保质期产生一定的影响，有些包装材料能让消费者直观看到食品的安全性。温度增降会对有些材料的包装产生影响，让它的颜色发生改变；食物过期或变质产生的气体也会和一些包装材料发生作用，改变包装的颜色。因此，人们可以通过包装材料来保障食物的新鲜。

活性包装开发已经有 30 多年了，主要是日本、澳大利亚和美国开发较早，这些国家已经在市场上使用 10 年以上。采用活性包装的食品，便于消费者有针对性地选择，不易购买到变质的食品，同时还可以避免因食品变质要求退货而造成的纠纷。

另外，在全球食物浪费严重的今天，活性包装能够有效减少浪费。

2.3.4.2　智能包装

"智能包装"（intelligent packaging）的特点有：对包装的运输进行智能化的管理，这种智能化的管理需要通过相关技术将信息收集起来并统一进行管理；通过智能包装保障商品的质量和安全，这就需要从包装的新型材料、形式和机构着手。

现阶段，在世界范围内智能包装技术才刚开始起步，需要功能和技术的应用还需要经过实践的检验，信息型、功能材料型和功能结构型等三种智能包装是目前研究和讨论较多的。

3 绿色包装设计的特征表现与规律分析

›››

绿色设计理念不仅引导人们健康生活，也为包装设计指明了新方向。在设计和制作商品的包装时应该始终遵循"绿色"的原则，从选择包装的制作材料开始，将可再生资源和绿色材料作为包装材料的首选，以实现生态、环保、绿色的目的。

3.1 包装设计的视觉表达语言及特征表现

作为一种视觉传达设计，包装设计首先要考虑的是信息的有效传达。现代市场条件下的人们设计和运用的各种包装，其角色和任务是无声的推销员，担任着向观众（也就是消费者）宣传企业产品的任务。

所谓有效传达是指传递信息要具有正确性、快速性和艺术性。具体地讲，就是好的包装设计，要让观众能够准确无误、快速有效地被吸引或感动，从而认知包装上所表达的东西。

视觉传达设计是以包装的造型以及包装上的图形、文字、色彩等视觉要素为媒介，来传递有关企业产品信息的。

包装虽然也属于视觉传达设计的一种，具有市场竞争性、意味性和直接性的特点，但与其他的平面设计相比有很大的区别，主要是因为：（1）内容不同，包装是传递商品的相关信息；（2）媒体不同，包装是在市场中传播的，是商品的附属品；（3）传达方式不同，包装通过文字、图片、实物（商品）共同传达。

3.1.1 直接性

直接性指包装设计在具体的市场环境下，以对观众进行直接的视觉求诉的方式进行信息传达。

广告海报等其他的平面设计在表达和传播上更善于利用文学性、夸张性和戏剧性的方式进行变化，从而延伸作品的内涵，传达出更深刻的含义。广告的传达形式多种多样，其中对话的形式是在广告招贴时使用最多的方式，以对话的方式让观众更有代入感，感觉图上的人就是在和自己对话一般，比如"美国陆军需要你"这样一则征兵广告中就使用了对话的方式；还有把极具表现力的场景和人物形象运用到广告中的方式，从而增强广告的感染力让观众印象深刻；还有的将文学作品和形象运用到广告中，达到暗喻的目的，传达出作者的观点和思想，以吸引人们对于广告内容的兴趣。如今很多媒体上传播的广告形式多样，丰富多彩。

包装作为一种视觉传达设计，其主要的作用就是向消费者传递商品的相关信息，消费者在购买商品时同时购买了商品的附加物品——包装。特别是随着商品经济的发展，包装设计也成为吸引消费者购买力的一个重要因素，包装的美观性、简单性、色彩、样式等都会影响消费者对商品的了解兴趣，往往一个好看的包装更容易吸引消费者的兴趣和购买欲望。这就对包装设计提出了一个明确的要求，即简洁明了、直观，而不需要戏剧性和文学性，方便消费者迅速获取商品信息。

3.1.2 寓意性

寓意性指包装设计主要通过包装（包括容器）视觉上的一些要素，让消费者产生联想，引导他们理解包装内产品的性质，激发消费者对产品价值（包括附加价值）的认识以及特定的文化上的亲近感，最终形成购买产品的愿望（也包括对企业形象的认识与认同）。

包装的设计必然会赋予包装一定的含义，这些含义来源于不同的方面，有的是来源于包装的造型、色彩和形状，激发了消费者的联想性；有的是来源于包装中产品的功能和属性给消费者的印象和体验；还有的是来源于一些风俗习惯或民族传统文化。

从哲学和心理学的角度上来看，之所以包装具有一定的寓意性，主要还是因为人们对于客观事物的感受会与自己多年经验形成的主观性思维发生作用，让人们对客观事物有更多的想法。

3.1.3 竞争性

竞争性指包装设计必须从市场的具体环境出发，始终将设计的定位放在与对手竞争的基础上。包装设计者必须研究对手的特点，使自己在色彩、造型等各种视觉要素上超过对手，在市场这个战场上压倒对手。

包装作为商品经济流通中的重要环节，也具有市场竞争性，这些竞争性主要在于包装设计就是视觉上的竞争，比如通过色彩和外形等因素让不同的包装有不同的辨识度，因为消费者对于辨识度更强的包装和商品更有记忆点，印象深刻。当然在市场竞争中始终要坚持公平公正诚实信用的原则。

3.2 包装设计的色彩表达与风格化探索

3.2.1 色彩表达

色彩表达具有很强的主观创造性，不同的人在色彩表达上有不同的看法、不同的审美。随着社会生产力的发展，越来越多的人把色彩表达与产品的生产加工、设计等环节结合起来，通过色彩塑造出产品的审美观，提高产品的辨识度和标识性，使消费者对产品充满兴趣。同时，人们对于商品的属性要求越来越高。色彩表达是艺术设计的一种，包括许多学科知识和领域，比如社会科学、人文科学和自然科学。

　　色彩表达与包装设计的结合，就是将色彩和审美观运用到包装设计中，设计师通过色彩因素来提高包装的美感、协调性和科学性、创意性。色彩设计比较复杂，不仅要表现出内部的含义、因素，还要表现出外部的东西，在设计包装时常用的色彩表达方式有以下几种。

3.2.1.1　色彩的注目性表达

　　一般来说，人们的视觉对一种事物或一个东西的第一印象一定是色彩，因为色彩是事物外表最形象最直观的部分。这个观点应用到包装设计上也不例外。人们对包装的第一看法一定是源于色彩，色彩的表达会影响人们对这个包装甚至是产品的辨识度和记忆点。这是因为色彩通过明亮和暗沉的对比将物品的造型、位置等因素直接表现出来，色彩在人们的生产生活中扮演重要的角色，是人们发挥主观能动性认识和改变世界必不可少的重要因素。

　　结合上文所阐述的内容，不难看出人们对色彩给予的刺激反应很直接、激烈，色彩直接影响人们的情感和心理，从而影响他们的兴趣和购买欲。

3.2.1.2　色彩的识别性表达

　　包装在市场中也具有竞争性，因此企业在设计商品的包装时应该运用具有企业标志的色彩系统，这样才能让商品和包装在市场竞争中更具有辨识度，增加和其他产品的区别和差异性，从而使消费者对这种色彩系统的商品和包装印象深刻，增强消费者对该企业产品的购买欲，帮助企业的产品在市场上获得更多份额；同时有利于形成品牌效应，帮助企业提高竞争力和知名度。

3.2.1.3　色彩的象征性表达

　　色彩具有主观性，所以会因为人群不同、时间不同、空间不同等一些客观或主观因素的不同形成不同的意义和象征。这些不同色彩代表的意义能对人们的心理和情感、认识力和反应力产生一定的作用，引起人们的共鸣。特别是在包装中，色彩的组成与表达一定程度上决定了商品的内部组成，从而影响消费者对商品内容、形式、功能等方面的认识。

　　例如：橙汁的象征色是橙色；绿茶用绿色、蓝绿色等冷色调，给人宁静、清爽的感受；红茶选用沉着饱满的暖色调，给人浓郁、味厚的联想。这些都是对自然物中的色彩进行联想和判断的。还有就是依据消费者的心理感受，色彩在包装设计中具有象征性表达。例如：红色象征热情、活泼、热闹、艳丽、吉祥；蓝色象征遥远、无限、永恒、透明、理智等。另外，消费者通过色彩还能够感受到冷和暖、前进与后退、扩张与收缩、软和硬、轻和重，等等。

3.2.1.4 色彩的情感性表达

色彩具有主观性，它具有情感性表达的特点，这意味着不同的人对色彩的认识不同，情感也有一定的差异。

一是表现在种族的差异上，种族的差异包括生活环境的不同、民族风俗的不同、宗教信仰的不同。

二是不同的年龄阶段对颜色的喜好也不同，比如小孩子就喜欢鲜艳明亮的颜色；大人就喜欢稍微稳重一点的颜色，这样显得成熟；老人就喜欢稍微亮一点的颜色，这样显得年轻一点。

三是性别不同，性别不同的人对颜色的喜好也不一样，比如男生喜欢黑色、灰色等冷色调，而女生则喜欢粉色、蓝色、绿色等比较暖、浅、明亮的颜色。

以上所列举的色彩特性的表达对于包装设计具有一定的指导意义，可是社会、市场和商品经济并不是一成不变的，而是处于千变万化的状态中，随着经济全球化的发展不断深入，各国之间的交流越来越频繁，这就使得人们之间的差异在不断缩小，人们在包装色彩的喜好上也在变化，在设计包装时必须经过一定的市场调查才能准确把握消费者对色彩的喜好。

包装设计中色彩往往对消费者的视觉会产生很大的冲击作用，所以利用好色彩这一因素来设计包装往往会对商品的消费产生事半功倍的效果。有时候有些企业为了让消费者的视觉冲击更强，会采取逆向思维，着重突出商品的包装，在视觉上让包装的色彩和商品的色彩产生一定的冲突，打破色彩的协调性，从而吸引消费者的注意。

健力宝的包装设计就是一个典型的例子，一般企业在设计饮料的包装时会采用浅色调或暖色系，这样让消费者觉得饮料很可口。但是健力宝的包装设计却打破了消费者对饮料包装色彩的惯性思维，用黑色作为包装的主色调，这对消费者的视觉产生了巨大的冲击，直接与其他饮料产品拉开了差距，深受许多年轻人的喜爱。所以在设计包装时，要对消费者的色彩偏好进行调查，才能设计出吸引消费者眼球从而刺激消费的产品包装。

3.2.2 包装设计的风格化体现

包装作为产品的外衣，不仅要将产品所要表达的基本信息传递给消费者，而且无形当中也是产品表达文化内涵的载体。在现代社会中，设计更加重视文化层面，设计成为一种文化形态，通过丰富视觉语言的表达，加强设计作品的艺术魅力。精美的包装能够激起消费者高层次的社会性需求，具有文化内涵和艺术魅力的包装对消费者而言是一种美的享受，也是促进消费变为长久性、习惯性消费的驱动力量。

随着商品经济的发展，包装的作用不仅仅是用来装商品那么简单，而是更具有艺术性，包装将商品经济的商业性和艺术性完美地融合在一起。一般来说，不同国家、不同民族、不同地区的人的审美存在很大的差异性，这也直接表现在包装设计的民族性、特色性、风格化等方面，故而使得商品包装才更具有艺术性。以我国的商品包装为例，我国的民族文化博大精深，许多有意义和象征性的民族文化图案、风俗文化会应用到包装中表达一些美好的祝福，比如福禄寿、吉祥如意、花好月圆。但是这些民族文化和元素的应用并不仅仅局限于本民族和本国家，特别是随着国家之间的文化交流不断深入，民族的许多文化和元素都是世界性的，是融合共享的，而且民族文化在这个过程中会得到更好的发展。比如香港著名的设计师陈幼坚，他的包装设计具有独树一帜的风格和艺术审美，乍一看简单大方直观，再仔细一看便会发现别有洞天，他的包装设计将许多中华民族文化的色彩、文字、花样和图案融为一体，同时将西方的经典元素和色彩风格融入其中，实现了中西合璧，这些巧妙的设计，比如色彩的运用、图案的设计、文字的排版不仅展现出了中华文化的博大精深，而且更具时代感和国际化，也让这些商品包装成为精美的艺术品，可以更好地体现包装设计的风格化。

3.3　包装设计的视觉要素的编排组合与表现形式规律

包装为了取得最大的视觉力度，在竞争中争得上风，常常运用各种方法将各种图形文字有机地组合起来。在编排上具有与其他平面设计不同的特点。

产品的外包装的面积只有那么大，所以在外包装的编排上要合理利用每一个地方，把产品的一些有效信息更直接地向消费者展示，增强产品竞争力。在排版设计的时候，可以通过下面这几种方法来综合考虑，以求合理科学地把所要发布的信息尽可能地在外包装上展示出来。

3.3.1　组合形编排

在进行排版的时候人们一般都是选择组合形这种方法来将不同的信息在外包装上展示。组合型大都是采取联合和复叠的方式来进行。

为了让外包装的画面更加紧凑得当，可以把所要体现的信息通过不同的组合结合在一起，这就是联合。为了让外包装尽可能多显示产品信息，可以将多幅图画进行叠加，这样就可以让主要产品信息进一步得以体现，这种方法就是复叠。

在包装上每个视觉要素都是一个形。在联合与复叠时，图形文字要素有一个完形与破形的问题。完形是相对于破形而言，指的是文字图形不被其他要素所覆盖、分割，有一个完整的形象，主要用在企业品牌标志等要突出表现的要素。破形可以通过复叠实现，也可以以"出血"的方式具象。破形的形象可以是产品的重要视觉要素，但也可以是一些次要的信息。完形与破形可以灵活地加以使用，丰富设计的视觉效果。

3.3.2　编排组织层次与织体

为了让版面上的所有内容变得更简洁明了，可以在组合形方法的基础上对版面进行层次排列。

这里讲层次与织体的概念，实际上讲的是一种分析与组织画面的方法。将画面分层次，具体来讲，也就是将要素首先以"组合"的方式组织起来，形成基本单元，然后将它们按照色彩、肌理、形态来加以区分，分成不同的层次加以处理。层次可以是两层的，也可以是多层的。通过层次的组织，在此基础上构成丰富而组织合理严密的画面织体。

在进行产品外包装设计的时候，要让图画显得层次分明，这样可以给消费者更直观的感受；同时要让织体显得更流畅，展示出它的独特风格；同时要从视觉感受出发，合理搭配各种色彩，形成鲜明的对比。

大多数产品的包装上画面留白都非常小，因此不能用太复杂的设计，否则会弄巧成拙。

这里还要提出的是视觉密度的概念，这是包装设计的与众不同之处。视觉密度是指画面上图形文字（信息）的密集程度。不同的包装具有不同的视觉密度。食品类、文具类、玩具类包装往往具有非常高的密度，各种信息以最大化的形象展示在主立面上；而化妆品的包装一般是密度最低的。

3.3.3　编排组织动势与视觉流程

不论是哪种物象，它们在外包装的图像上都能展示出一种律动感。在展开趋向以及形态的延伸中都可以发现它们的身影，它一般在信息和信息之间的均衡以及对抗与冲突之间得以体现，人们通过它不但可以在对产品的接触以及了解的过程中找到整个设计的规律，同时人们可以通过它对产品的一些信息展开联想。比如外包装画面上的一些人物的动向，色彩搭配这些都能够产生一种力，通过这种力，人们可以在解读中进行跳跃。这就是人们常说的动势。

各种动势在画面上应复合出现，互相呼应、支撑，取得平衡。在设计中总有一个主导性的动势。设计师要根据传达内容规定的要求，将各种要素及其动势关系处理好，使它们组成主次、先后关系明确的画面结构，引导消费者在辨识、解读画面的时候，有一个从起点到高潮、转折，最后到终点的有序过程，这也就是所谓的视觉流程。

在外包装的画面处理上要合理选择处理方式。要从产品的实际情况出发，最终确定外包装的设计是选择安静和谐，还是选择炫酷动感。

3.3.4　编排规律

3.3.4.1　对称

在对一些相对比较正式、安静的产品进行外包装设计时，一般都是采用对称这种编排方法进行设计编排。这种设计方法，一般都是以一个中心为对称点，向两端进行延伸，也可以适时进行修改，增加一些能反映产品的信息。

选择对称这种方法进行外包装设计的时候，一定要合理编排产品信息，让它们相对显示出对称感。

3.3.4.2　均衡

大部分的产品在外包装设计上都是选择均衡法进行外包装编排设计。这个设计方法从名字上就可以看出来，它的设计理念，就是让整个外包装设计显得很平衡、很和谐。设计师们可以对要显示的信息进行合理编排，尽可能让所有要展示的信息都能够在外包装上显示出来，同时为了更好地宣传产品，也可以按照产品的实际，增加一些更能凸显产品的信息。

3.3.4.3　对比

一些针对儿童产品和食品的外包装设计，一般都是运用对比这种编排法。采用这种设计法可以让外包装的视觉效果更好。但是采用这种方式进行设计的时候，一定要合理安排所要展示的信息，同时让画面显得更和谐。

3.4　包装形式的类型划分

3.4.1　单体包装和系列包装

针对具体的商品，结合商品本身的特点和属性，根据企业经营策略的需要，包装形式的划分主要有以下两个大类。

3.4.1.1　单体包装

单体包装是以个体独立的形象出现，单体包装的商品具有很强的独立性，但是在设计时也要考虑其在货架上成组排列的效果。单体包装在设计时，既要注意独立完整，又要考虑相互影响。

3.4.1.2　系列包装

由于商品的种类不同、包装大小的区分以及消费者的群体差别等因素，商品的包装形式比较容易形成系列化。系列商品的包装一般都具有统一的视觉形象，在统一的基础上进行不同商品的差异和比较设计。

例如：包装的形态统一但色彩有变化，或者色彩相同但包装的形态不同，又或者包装的色彩、形态相同但大小不相同等。不论形式上如何变化，在整体设计上应该具有内在的联系，具有较强的整体性，视觉效果强烈。

3.4.2 系列包装的优势

如今消费市场竞争激烈，许多生产商纷纷推出适应不同消费者以及满足消费者不同需求的产品，商品的类别增多是包装形式系列化的必然要求。

在商品极大丰富的卖场中，以系列化包装形式出现的商品，能够获得消费者识别上的主动，并且可增加商品在货架上的面积，使消费者能够在短时间内找到。在扩大商品种类的同时，可争取到更多的消费者，进一步拓展消费市场。

系列化包装，可强化商品群体的整体面貌，特征鲜明、声势较大，宣传效果强烈，在树立企业形象的同时，又能起到增加销售量的作用。消费者如果对系列商品中的一件有所了解，就意味着有对整个系列了解的可能性，如果对其中的一件商品满意，从而也会对整个品牌的其他商品产生信赖。

当然，如果消费者对系列商品中的某一件失去信心，也会产生连带作用，任何事物都具有两面性。

3.5 包装设计视觉形象的战略思考

在现代市场竞争高度发展的条件下，包装是企业整体营销战略的重要一环，是企业形象不可缺少的组成部分。包装设计必须在企业 CIS 计划的指导下进行。

因此，在设计包装时，不应当就事论事地简单地将这种工作看成是孤立的、单一的设计，而应当从企业营销的发展战略这一高度出发，对包装设计进行整体性的战略性思考。

3.5.1 与企业营销战略的关系保持一致

企业的营销战略是企业发展及参与市场竞争的主导思想，这包括对企业形象的宣传内涵，以及其长期与近期的形象建树策略的确定，产品销售与设计的定位等方面，设计包装时必须体现企业的总体营销战略，并与之保持一致。

《日本包装用语辞典》提出了形象战略的概念，把它定义为"为了使企业和商品在社会上有一个好的印象所进行的活动"。

今天的包装设计必须从社会的、文化的和长期的层面上进行思考，设计师要运用色彩、图形等方面的视觉语言，真正地体现出企业对消费者的感召力，给予人们一个可信、亲切或有时尚感的"好印象"。

3.5.2 在 CIS 计划指导下进行包装设计

在 CIS 计划指导下进行包装设计主要表现在：设计者要运用各种 CIS 设计中规定的视觉设计要素进行系列化的设计，并在设计中既要保证视觉形象的统一性，同时又保持一定的变化空间。

具体来讲，包装设计应包括以下几个方面。

3.5.2.1 标准化的标志

标志是企业品牌与形象的视觉承担者，各种包装都必须以突出的方式表现它，同时在表现的时候不能有所偏差。应当根据 CIS 手册（企业形象设计与制作规范）所规定的标准样式将标志复制在各种包装上。

3.5.2.2 标准化的辅助图形

目前许多企业标志往往是用具有可读性的字体构成的，如"NIKE""SONY"等。为了加强标志视觉表现力，让观众更好地认知与记忆，设计师常常使用一定的辅助图形与标志进行组合。

3.5.2.3 标准化的色彩

CIS 手册一般规定了各种标准化的色彩，供企业在不同场合使用。其中首先规定了一些标准基本色彩，用于标志等重要的视觉要素，可以给予受众最为重要的企业视觉印象；其次 CIS 也规定了许多辅助性的色彩及其组合，它们可以起到烘托基本色彩、显示各种包装不同品质的作用。

3.5.2.4 标准化的编排方式

标准化的编排方式是指包装为了统一形象在图形、标志与各位置安排上进行规范性的处理。

3.5.2.5 标准化的字体设计

标准化的字体设计是指包装上的文字，特别是主要的文字，如产品品牌、产品名称等必须运用 CIS 规定的规范化字体。

4 包装设计的基本程序及其策略分析

本章从包装设计的基本程序和原则入手，重点探讨包装设计与包装策略，同时进一步阐述包装设计的功能与价值体现。

4.1 包装设计的程序与设计原则分析

4.1.1 包装设计的程序

一个完整的包装设计流程一般包括设计准备阶段、设计展开阶段及设计制作阶段。

4.1.1.1 设计准备阶段

设计准备阶段主要是产品的市场调研及设计定位，这是整个包装设计的前提。

A 市场调研

设计师接到包装设计任务后，首先要了解企业和产品；其次要了解同类产品的包装情况。

（1）调研企业情况。与商家沟通。首先，要了解企业的历史、发展状况及企业的文化理念、营销策略等。其次，了解该产品特性、适用领域及消费人群，也就是消费群体及消费地区的定位。最后，要进一步了解商家对于包装更加详细的需求，如成本、材质及工艺等。

（2）调研产品信息。调研产品信息主要是了解该产品全方位的信息，此信息越详细，对于产品包装设计的定位越准确。1）产品的基本特征，如体积、质量及外形等。2）产品的类型，如食品、化妆品、电器、文化用品等。3）产品的用途、功能及价值。4）产品的特点，也就是此产品与同类产品的优势或特色。5）产品工艺和技术情况。6）产品的成本、价格和利润。7）产品对于包装材质的特殊要求，如防潮、易碎等。8）产品之前的包装情况及需要改进的信息。

除了上述提出的8个方面外，还有一些信息设计师也可以作为辅助调研信息进行了解，如上面提到的消费人群及地域定位、产品的知名度情况等，就不一一列举了。设计师可以根据产品的类型及特质去确定最重要的产品信息进行调研，不应拘泥于上面提到的内容。

（3）消费者调查。产品包装是否能被消费者认可并购买，是商家最关注的问题，也是设计师设计成功与否的重要标志。所谓知己知彼，百战不殆。对于消费者调研主要从两个方面着手：基本信息和消费者的心理。1）基本信息调研。通过调研了解该产品定位人群的性别、年龄、收入、教育情况及购买习惯等信息；了解其他消费者对于此类产品的期望和要求；了解消费者对于目前市面产品包装存在的缺点等相关信息。2）消费者心理。消费者的心理变化是购买商品很重要的因素。"品牌效应"就是利用消费者的心理规律，有效提高产品的认可度和销量，间接增加产品的附加值。

当然，除了品牌效应外，设计师要让新的或者不知名的产品成为市场的佼佼者，就要在产品的包装上做足够多的创新。这种创新包括包装风格、品位及时尚元素的运用等，让这种无形的元素使消费者心理产生的购买欲望远远超过了产品本身的使用价值。如果设计师能做到这一点，包装设计就成功了。

除了品牌效应外，设计师还要关注消费者讲究经济实惠的心理和追求新、奇、特的心理需求及追求面子最大化的心理。

此外，设计师还应注意到影响消费者心理的其他元素，如文化背景、宗教信仰、道德观念、生活习俗等，避免在设计中错误地使用，造成不必要的经济损失。

（4）同类产品调研。市场上同类产品竞争非常激烈，如何在销量上独占鳌头，需要对同类产品中有竞争力的产品进行研究，在吸收其优势的同时还要体现自己的特点，这样才能加大竞争砝码，让竞争的压力变成销售的动力，达到供销一致甚至是供不应求的目的。

B　实施调研

根据上述调研内容的讨论，整理出调研的相关条目。由于产品的特点及市场情况的多变，在调查内容上要具有灵活性。常用的实施调研的方法有两种：资料收集分析法和问卷调研法。资料收集分析法是设计师到市场收集同类产品的信息，再进行分析、比较，最终整理出需要的内容。问卷调研法是目前人们喜欢用的一种方式。

设计师可以根据想要了解的内容制作出一份问卷，到产品销售地点或者人群密集的地点调研，也可以利用网络手段进行调研，如网站及微信调研。问卷调研需要注意的是，问卷题目的设定应尽量充分、全面；问卷语言言简意赅，清晰易懂；答案清晰、简单，便于调查者快速、方便地完成调查；调研问卷数量越多，结果的可信度越高。

C　调研结果分析

充分地调研是进行包装设计的第一步，调研结果的分析与总结是对设计最有效的指导。

4.1.1.2 设计展开阶段

A 设计的定位

定位的概念于 1969 年被提出。西方国家曾经把 20 世纪 70 年代的市场销售战略称为"定位"战略，由此可以看出定位对于设计的重要性。那么什么是设计定位呢？设计定位是在通过市场调查，正确地把握消费者对产品与包装需求的基础上，确定设计信息表现与形象表现的一种设计策略。其中包装需求包括功能性及外观两个方面。

设计定位的思想是一种具有战略眼光的设计指导方针，没有定位就没有目的性和针对性，设计就会盲目，偏离市场需求。因此，设计师要了解社会、了解企业、了解产品，更要了解消费者，对生产企业、产品和消费者进行全面分析，从而达到对于包装设计的准确定位。

包装设计定位可以从以下方面着手：产品定位、品牌定位、文案定位、企业文化定位、产品性能定位、与产品有联系的形象定位、象征性定位、礼品性定位、纪念性定位、造型定位、以消费者定位、以故事情节性定位等。当然，这些内容是设计师头脑风暴的出发点，可以根据相关需要进行定位选择。以上定位方式使用最多的为企业文化定位、品牌定位、产品定位及消费者定位。

第一，企业文化定位。包装设计发展到现在，不仅是设计一个产品，而且是设计一种生活方式、一种文化。这种文化来源于产品生产的企业文化，同时也来自产品设计的文化理念及消费者所具有的文化心理。文化定位是否准确是设计成功的一个重要条件。

第二，品牌定位。企业形象的塑造能够体现该企业的个性，自身品牌的树立会与其他同类产品区别开，帮助消费者快速识别和选择产品。品牌效应在产品宣传中产生，有效的宣传方式会大大提高品牌的知名度。消费者购买商品不可能都经过尝试后再购买，主要依品牌效应而购买。一个品牌如果知名度高，即便消费者未曾使用，也会因品牌效应而购买。

品牌定位效果非常明显，但主要应用于品牌知名度比较高的商家产品。设计中如在表现方法上把品牌形象处于设计的中心，会形成一种以我为主的效应。如果能把品牌的名称含义加以延伸，做形象化的辅助处理，更能赋予产品唯我独尊的高贵形象。人们熟悉的可口可乐饮料的独特设计，就准确地体现了企业的品牌形象。同类产品中，识别性非常高。

第三，产品定位。在激烈的市场竞争环境下，产品定位能够使消费者清楚地了解产品的特点、用途、使用方法及在同类产品中的优势。产品定位在销售中起直接介绍产品的作用，也是直截了当的表现方法，在包装的展销面上突出产品的形象，吸引消费者的注意力，也可以以产品的配料成分作为出发点。处理方法上采用较多的是写实的逼真画面，如表现水果、食品类的真实与新鲜感、美味感，也可以应用摄影的方法来引起消费者的注意。但要注意一些造型本身不够完美的产品应尽量避免应用此方法。

如上所述产品定位中，如何准确地定位，找到合适的设计方案，需要从以下几个方面进行思考：1）产品特色分析。在物质极大丰富的今天，同类产品多之又多，如何能让自己的产品从中脱颖而出，这就要把该产品的特点、优势展现出来，尤其是将其他同类产品没有考虑的重要方面在自己的包装上突出出来，这样才能吸引消费者的注意力和兴趣。因此产品特色的设计定位如果能够合理利用，会成为包装设计中的一个亮点。2）产品的成本分析。同一类产品中，由于产品商对其定位不同，在包装上也有很大的区别。如市面上的床上用品四件套，便宜的几十元，贵的达到一两千元。由于产品档次的不同，在包装设计投入上也会分出中、高、低三个档次。这样，不同档次面对不同的人群与用途，各取所需。3）产品的使用特点分析。不同的商品具有不同的作用、不同的使用时间和环境。根据对这些特点的分析，可以迅速进行设计定位。如护肤品中有美白用的、有防晒用的、有保湿用的等，设计师根据作用的不同很快就找到设计定位。另外，润肤霜中有日霜和晚霜之分，两种润肤霜涂抹的时间有区别，那么设计的定位就很清楚了。在不同环境中，同类产品也有很大的区分，如服装，参加宴会时一般会穿晚礼服；开工作会议时会穿正装；旅游度假会穿休闲舒适的服装等。4）产品的纪念性分析。产品的纪念性不用多解释，很容易就能理解。例如，旅游时，无论哪个城市、景点都会有当地的特色产品，将其包装起来作为礼品，可纪念游客来过此地。再如重大节日、重大庆典也都会有纪念产品。如 2008 年奥运会福娃的纪念品，包括各大厂商在自己的产品包装上也都会体现奥运会、福娃等，以作为纪念。可口可乐公司经常在一些活动期间为产品换上带有标志性的纪念包装。产品定位方法是设计师最常用的，其直观、视觉效果好，能在最短的时间内吸引消费者的注意。

第四，消费者定位。消费者是市场主体，商品厂家对产品自身价值及外在包装所进行的改进与创新，无不是为了满足消费者的需求。因此，消费者的喜爱与购买是推进整个社会商业发展的动力所在。对于消费者定位，应从以下几个方面入手：1）消费者年龄、性别的划分。不同产品对应不同的消费人群。如书店里，书籍被划分得非常明确，儿童书籍区也会根据不同年龄段的儿童划分为幼儿读物、学龄前书籍、青少年书籍等。如药品类，对于成人和儿童也做了明确的区分。儿童用药的包装也能感受到童趣的设计。另外，超市中可以看到以性别划分最清晰的是护肤品类，男、女护肤品都分开陈列；尤其在包装的风格上，男士以硬朗图形和冷色调色彩装饰为主，而女性的护肤品多以暖色调为主。2）消费者的地域、民族等划分。设计师对消费者进行分析时，应该注意地域差别。如南方和北方的差别、城市与农村的差别、国内与国外的差别等。同时，还有民族与种族的差别。尤其有关民族风俗习惯的，更是要深入了解。如果不熟悉就要尽量避开相关元素。3）消费理念和消费层次的划分。消费者由于所受的教育及生活理念的不同，在产品选择上会有诸多不同。有些人崇尚时尚，有些人喜欢传统；有些人注重健康，有些人追求新、奇、特；有些人喜欢奢华，有些人喜欢低调。种种消费心理是单纯的一种设计所不能满足的。所以，如何准确定位消费者群体，找到该产品消费中最庞大的那群人对于设计师来说是重中之重。

总之，以上介绍的几种常用设计定位方法不能孤立地去考虑和运用，应该在具体的实践中相互配合，这样才能有效地完成商品包装定位。

B 设计的构思

包装设计展开阶段最主要的任务是进行包装设计的创意构思及表现，通过市场调查分析，在明确的设计策略指导下，通过创意构思和视觉表现完成具体的包装设计方案。本阶段可分为创意设计及表现、设计方案提案、设计方案修改和设计方案确定四个环节。

（1）创意设计及表现。一件包装设计作品成功与否主要取决于消费者对其产品的喜爱程度及购买情况。如果产品的设计能够激发起消费者的视觉联系，并朝着设计者设计的目标前进，就达到了设计的目的，也就是这个设计符合了消费者的心理需求。因此，好的创意设计是艺术和现实价值的完美结合。

包装设计在创意上有几种表现方法：直接表现法、间接表现法及意象表现法。直接表现法，顾名思义就是用直观、概括的形象作为包装的主体形象或者是使用透明或镂空的包装，使消费者一眼就可以认出产品的种类、配方等。间接表现法与直接表现法不同，其不用实物直接表现，而是通过与产品有关的元素，也有的使用商品产地特征或者是产品使用者的形象特征来表现，让消费者看到信息后进行相关的联想，从而间接地对产品有印象。意象表现法，"意象"主要用于文学方面，体现的是透过精神反映物质的一种表现方法，这是设计表达的最高境界。包装设计中，意象表现法一般运用抽象的文字、图案等作为设计内容的主体，通过一些艺术设计手段进行排序，形成很强的形式感。

了解了三种设计的表现手法后，设计师如何能够表达出来，还需要了解设计的表现手段。直接和间接的表现手法，可以运用摄影、绘画等方法进行设计主体素材的收集；意象表现法主要运用一些抽象的表现手法进行，如利用抽象的图形、色彩等表达。

（2）设计方案的提案、修改与确定。设计方案的提案环节，即设计师设计定位后形成了三四个设计方案，制作出直观的样稿及说明后，与厂商就设计理念和如何实施进行陈述，以及通过双方的讨论，达成设计理念及表现形式的共识，并最终确定设计方案的过程。此环节是所有商业设计中的重要环节。这个环节把握得好，设计方案与厂商的需求相一致，之前的整个调研、分析、出方案的过程就是成功的。

如果厂商对设计方案的部分内容存在异议，经过详细的沟通与探讨，达成一致后，再进行局部修改，直到厂商满意，这期间虽然有返工，但结果也是成功的。最坏的一种结果是在设计方案的提案过程中，有多个设计公司进行竞争，如果方案没有被厂家选中，那么整个前期工作就是徒劳的，这也是设计领域很常见的事情。

因此，在竞争日益激烈的设计行业中，设计师不但要有丰富的知识、开阔的眼界、独特的设计理念，还需要具备永不服输、越挫越勇的意志品质。要记住，商业设计不是感性的行为，不是艺术创作，现代的设计更是越来越讲究设计的理性与规范。

设计的风格、色调甚至信息文字的编排，都需要建立在市场调研的基础上，确保包装视觉传达的有效性。提案时提出的设计理念及设计表现都应有市场依据，提案应是对整个策略思想和设计方案的理性陈述、审查和讨论，只有这样，才能够使设计逐步走向科学化、理性化、市场化、正规化，克服传统设计一贯靠感觉、盲目想象带来的问题。

4.1.1.3　设计制作阶段

设计方案经过多次修改后，最终与厂商达成一致，确定下来，之后就进入包装设计的制作流程。

制作流程包括前期的设计草稿、着色、制图、打样、印刷、成品、检验。下面简单介绍每个步骤。

（1）草稿。草稿是包装设计最初的呈现，也是设计师在设计过程中，不断完善与修改的过程体现。一般来说，设计师应根据产品进行多个形象设计，草稿也有很多种。在进行头脑风暴后，设计团队会根据草稿来确定最适合的设计雏形。因此，草稿是设计师设计理念最初的展现。

（2）着色。草稿着色是产品包装色彩设计的最初部分。设计师根据产品特性来确定主色调，从草图中筛选出较为合适的方案，用水彩、马克笔等工具绘制成彩色的效果图。

（3）制图。与厂商沟通确定设计方案后，根据样稿在计算机上进行制作。这一步是整个制作过程中最重要的部分。设计师需要掌握设计制图的软件，如Photoshop、CorelDRAW、Illustrator及3ds Max等。设计师通过设计软件把设计方案的陈列面、透视图、三视图进行统一、完整、详细的描绘。

制图需要明确各个部分最精确的尺寸和色彩，按照包装产品的实际尺寸或按一定的比例做出包装的模型。立体模式效果出来后，可能会有一定的出入，设计师应根据产品的实际情况进行调整，以达到最好的设计效果。效果图制作完成后，设计师需要和产品厂商就包装材质等内容进行沟通。

（4）打样。包装设计作品生产出实物，需要设计师把彩色图片经过分色过网或电子分色后打出样稿，用来校对颜色和设计细节。如果样稿整体效果非常接近设计师的方案，也可作为后期正式印刷的范本。因此，无论是包装设计，还是其他设计的印刷，打样的环节都是必不可少的，这是正式印刷前的必备程序。

（5）印刷。设计稿校对后就可以正式印刷。印刷环节是包装设计的实现环节。经过样稿的校对，颜色的纠正等，最终应达到满意的设计效果。

（6）成品。印刷后，进行制作。设计成品是否能够达到理想的效果，印刷和制作过程是非常重要的，需要设计师深入一线参加监督与指导，在过程中及时发现问题及时纠错，确保方案的实现，达到理想的效果。

（7）检验。产品具有了包装后，一般情况下，厂家会试投一部分到市场，看一下反馈情况。如果反映良好，会大量生产使用。因此，一个包装设计的成功与否，需要一段时间的检验。设计师也应该在一定时期内与厂商沟通，了解商品的销售情况，同时也应对消费者进行调研，了解消费者的反馈，根据情况适时对设计进行修改和完善，再进行大批量的生产。

整个包装设计流程说起来简单，但每一个过程都需要设计师仔细核对、校验，倾注着设计师的心血。

4.1.2 包装设计的原则

包装设计从设计的原则来说，可以归纳为包装设计原则和设计的一些禁忌。

4.1.2.1 包装设计原则

A 科学性原则

包装设计在功能上一定要科学，这个科学的意义首先包括包装结构要合理，使用方便，符合人体工程学。其次牢固性要强。产品大部分的外包装除了方便储存，方便产品之间的区分外，产品的安全性也非常重要。

产品在运输与搬运环节尽量减少损坏、污染或丢失，这就要求对被包装物进行科学分析，采用合理的包装方法和材料，并进行可靠的结构设计，甚至要进行一些特殊的处理。因此，包装设计中不可出现华而不实的形式主义的设计。这一点是产品包装设计中的一个重要原则。

B 经济性原则

经济性要求包装设计必须符合现代先进的工业生产水平，做到以最少的财力、物力、人力和时间来获得最大的经济效果。这就要求包装设计有利于机械化的大批量生产；有利于自动化的操作和管理；有利于降低材料消耗和节约能源；

有利于提高工作效率；有利于保护产品、方便运输、扩大销售、使用维修、储存堆垛等各个流动环节。

C　视觉醒目原则

进行包装设计的过程中，要懂得包装除了具有充当产品保护神的功能，还具有积极的促销作用。

由于近年来商品繁多，市场竞争异常激烈，生产厂商和设计师都在想尽办法使自己的产品在产品本身功能及外在造型和包装上不断完善与创新。如何让产品脱颖而出，醒目的设计是非常重要的。

要凸显醒目的设计特点，首先，可以利用包装造型的特异达到醒目的效果。如香水的包装中，多数以圆形、椭圆形、正方形、长方形及四种形状的简单变异的形状进行设计，整体看上去差别不是很大，前些年红极一时的安娜苏奇异包装，在香水界引起了不小的轰动，打破了香水包装单一的造型，其系列产品更是让人耳目一新。

其次，可以利用色彩的心理作用，达到让产品醒目的效果。图形、色彩和文字是设计的三大要素。其中色彩在设计中起着先声夺人的作用。高速公路上远处的路牌，人们第一时间捕捉到的是其色彩，随着距离的拉近，才慢慢地看到了图形，最后是文字。

因此，色彩在设计中是最容易被人感知、感受的。产品的包装中色彩也有着非常重要的作用。色彩能直接刺激消费者的购买欲望。色彩的和谐搭配能产生强烈的视觉冲击力。这也是为什么设计师把色彩作为推动销售的第一要素的原因。商品的包装设计中，纯度高的色彩最受欢迎，因此在设计中应用得最多。

4.1.2.2　包装设计上的禁忌

A　包装上使用文字的规定

世界上有200多个国家和地区，每个地方都有着不同的文化习惯，所以对于包装上标注的要求也存在差异。

希腊对包装标注要求极高，商业部曾颁布相关法规：在希腊出售的别国产品的外包装上一定要用希腊文进行标注，不然进口商还有代理商甚至制造商都会受到相应的处罚，并且得把这三方公司的地址印在上面，得具体到某个城市，还必须标明产品名称、品种以及重量等各种信息。加拿大对于产品的外包装标注的文字也有要求，一定得用英文和法文进行标注说明。

B　禁用的包装材料

很多企业都会用一些昂贵的材料对商品进行包装，因为这样才能显示出产品的高端。不过并不是所有的材料都适合包装，很多国家在这个方面就有规定。

譬如，在美国就不能把稻草之类的东西用于包装，因为害怕处理不当让一些害虫存活其中，造成一些不必要的麻烦。加拿大、日本、毛里求斯还有欧洲的一些国家也不允许产品包装内用稻草、干草甚至碎报纸进行填充。埃及为了防止害虫、寄生虫的传播，规定包装材料一律不能使用皮棉、葡萄树枝，甚至连旧材料都不能使用。澳大利亚政府规定，所有进口商品如果使用木质箱子装放，一定要出示曾进行过熏蒸的相关证明材料。新西兰在包装材料方面要求特别多，很多材质的包装商品都不能进入新西兰市场，除了常见的稻草、干草、麦草类，还有土壤、泥灰、生苔藓类、稻谷壳，甚至是旧麻袋都不可以。

C 对包装容器结构的规定

1982 年秋天，美国芝加哥发生了一起药物中毒事件。歹徒在止痛药的胶囊中放入了氰化物，有 7 名市民在服用这种止痛药后丧生。事件发生后，美国食品药物局颁布条例，所有医疗、健身及美容药品必须具备防止掺假、污染功能的包装，例如真空封存、热收缩包装等。美国加利福尼亚等 11 个州负责环境和消费的部门，鉴于拉环式易开盖在海滨浴场等地随意丢弃，造成割伤脚趾和环境污染的情况，立法禁止生产拉环式易开盖，代之以撳钮式、胶带式易开盖。欧洲共同体规定，接触食品的氯乙烯容器，其氯乙烯单体的最高含量为 1mg/kg。

D 包装上的标签内容

若产品对人体的健康有一定的损害，那么包装上一定要有所体现。例如，荷兰的香烟盒上一定会印有"吸烟有害健康"这些字。有人会产生疑问：这不是自相矛盾吗？其实并不是。如若购买者吸烟产生了什么不良影响，厂方就可以免责，因为标签内容已经提醒消费者了。所以，现在国内也效仿这种方法制造香烟包装。我国香港地区也有相似的规定，某些蚊香中存在对人体有害的 DDT，所以包装上一定得印出"有毒"的类似字词。

如若产品是衣物，那么标签上要注有衣服的主要成分、洗涤方法等信息。像瑞士纺织协会不仅要求每一件衬衣标签上必须标有洗涤方法，甚至还要求标注能否熨烫以及适宜熨烫的温度等。

如若产品是药品或食品，包装上标签的要求就更多了。日本在此方面尤为严格。日本有政策明确规定：在日本销售的食品包装上必须印有生产日期。而且无论是日本本国的药品，还是在日本销售的别国药品，它们的包装上一定要标注该药品的主要成分、主要针对哪些疾病以及用什么方法进行服用。如果没有这些内容，一定不能进入日本市场。无独有偶，美国在此方面也有相同的规定。

除此之外，商标名称还大有学问。当然，这主要是针对翻译问题，我国的羊绒被就曾闹过笑话。我国北方盛产羊毛，羊绒被在国内一直十分畅销，公司就想打开海外市场，可没想到产品却一直无人问津，一经调查才知道问题出现在商标名称上。该产品的名字叫"Goats"，人们只知道它是"山羊"的意思，却不知道它还可以翻译为"好色之徒"。所以，若不明就里随便给产品命名就可能贻笑大方。但是，如果加以利用可能会事半功倍。中国的茶文化一直闻名世界，可某茉莉花茶在东南亚的销路一直难以展开，原来原因在"茉莉"这两个字上，在那里它与"没利"发音贴近，所以人们对其避而远之。随后，企业把商标更改为"来利"，可想而知，销售量大大提高了。

综上所述，包装设计除了要在设计上独树一帜外，还需要避免进入设计误区，这样才能保证设计的全面成功。

4.2　包装设计与包装策略探究

包装不仅是商品的外衣，作为商品的"第一印象"刺激吸引着消费者，也是品牌宣传的重要载体之一，有助于提升品牌价值和企业形象。所以包装设计不仅仅是一种艺术创造活动，更是一种重要的市场营销活动，能称为包装设计大师的人往往是这两方面的专家。

在当前各种类型商品的生产企业和营销者大量增加的大背景下，很多产品之间的个别劳动时间以及个别劳动生产的工艺之间的差异已经微乎其微，所以当前同类型产品之间的差距往往体现在与这些产品相关的企业市场营销活动上。

因此，越来越多的企业会努力了解消费者的审美偏好，在产品外包装的设计上花费更多的心思，其根本目的在于使企业能够在商品销售和市场营销活动当中获取最大的利益。由于对包装要求的不同，包装用途的侧重也会有很大的差异。包装设计的一条重要原则是：包装设计没有对错之分，只有谁是最适合的设计。包装上的说明文字要实事求是，包装的费用与产品的价值要相称。提高商品价值的包装设计是要有限度的，过分夸大不仅造成经济的浪费，包装成本的提高，还会造成信誉的降低。

4.2.1　包装设计

4.2.1.1　CIS 策略下的包装设计

CIS（corporate identity system）也称 CI，通常译为"企业形象识别系统"，是现代企业走向整体化、形象化和系统管理的一种企业形象战略。1955 年，美国 IBM 公司率先将 CIS 作为一种管理手段纳入企业的改革之中，开展了一系列有别于其他公司的商业设计行动，由此成为世界计算机业的蓝色巨人。之后，克莱斯勒、可口可乐等众多企业纷纷导入 CIS，很快树立了品牌，提升了企业形象，在世界各地掀起了 CIS 的热潮。

日本紧随美国潮流，于 20 世纪六七十年代引入并发展了 CIS。它发展和强化了理念识别，不仅创造了具有自己特色的 CIS 实践，而且对 CIS 的理论做出了贡献。至此，国际市场竞争的格局也发生了重大的转变，即由 20 世纪的四五十年代的"产品较量"，六七十年代的"产品+销售的较量"，发展到"产品+销售+

形象的较量"。

A CIS

CIS 作为一个企业的识别系统，通常又被划分为三个分支，即 MIS（理念识别系统）、BIS（行为识别系统）和 VIS（视觉识别系统）。

（1）MIS 理念识别系统。MIS 属于形态意识范畴，是 CIS 的核心和依据，决定了企业的形象个性和内涵，其理念直接关系到企业的发展方向及未来的前途。一般包括企业精神、经营信条、经营战略策略、广告、员工的价值观和社会责任等。

（2）BIS 行为识别系统。BIS 是 MIS 的动态载体，偏重过程，包括内部行为和外部行为两个部分。内部行为包括组织管理、培训制度、奖惩制度、福利制度、行为规范、文化活动和环境规划等，以增强企业内部的凝聚力；外部行为包括市场推广、产品开发、促销活动、售后服务和公益活动等，以取得社会大众的识别和认同。

（3）VIS 视觉识别系统。VIS 是 CIS 的静态表现，是 MIS 视觉化传达的载体，也是最外在、最直接、最具有传播力和感染力的部分，在短期内表现出的作用也最明显。一般包括企业名称、品牌标志、标准字、标准色等核心元素，及其在不同介质上的运用，如公司内部文具、交通工具、制服、吉祥物、产品包装、建筑外观，以及在不同媒体上发布的各类广告等。

B 基于 CIS 的包装设计

到目前为止，很多人仅把包装设计作为产品的某一部分来看。其实，包装设计还有另一个重要作用，即作为品牌的传播媒体。富有创意的经典包装，已经成为企业提升品牌价值最简单、最有效的方法。

CIS 是工业社会转入信息社会的标志之一，它规范并传递着一致的信息，包装设计正需要充分利用这些信息——包括标准化的标志、标准化的辅助图形、标准化的色彩、标准化的字体设计等。特别是在进行系列化包装设计时，CIS 的导入使成组成套的设计更显系统化、风格化，极大地加强了消费者对于商品和品牌的认知度。当然在保持视觉形象的统一时，也要注意保持一定的变化空间，在共性中又要展现个性，设计出符合自身特点的个性化包装。

4.2.1.2 整合营销中的包装设计

20 世纪 70 年代后期，当 CIS 热席卷日本的时候，其在美国已经开始降温了。有学者提出：CIS 理论是"从里向外"的思维方式，是从企业的角度出发，而非从消费者的角度出发，与市场营销管理观念发展的趋势相悖，因而不可避免地带有时代局限性。

A　整合营销的内涵

整合营销传播理论兴起于商品经济最发达的美国，是一种实战性极强的操作性理论，自 20 世纪 90 年代中期进入我国以来，已经显示强大的生命力。

整合营销的内涵包括以下两个方面：

（1）以消费者为核心，从双向沟通层面上重组企业行为和市场行为。

（2）把企业一切营销和传播活动，如广告、促销、公关、新闻、包装、产品开发进行一元化的整合重组，以增强品牌诉求的完整性。

整合营销中的包装设计以此两点为核心，迅速树立产品品牌在消费者心目中的地位，建立产品与消费者长期的密切关系，更有效地达到营销目的。

B　市场营销的 5P 理论

现代市场营销学中的 5P 理论是指产品（product）、价格（price）、渠道（place）、推广（promotion）、包装（package）。它在传统的 4P 理论上又增加了 package，主要依据是世界上最大的化学公司杜邦公司发明的"杜邦定律"，即 63%的消费者是根据商品的包装和装潢进行购买决策的，到超级市场购物的家庭主妇，由于精美包装和装潢的吸引，所购物品通常超过她们出门时打算购买数量的 45%。

在整体的营销策略下，包装设计需要与其他营销手段相配合，在整合下获得最佳市场效果。现代包装设计不再是设计者的自我表现，它必须与商业行为发生关联，必须与所有营销环节相配合。因为设计并不是目的，促销才是目的。

作为营销中关键一环的包装设计，应把生产力、销售力与市场的机会结合在一起，经设计传达出明显的商品概念，正确吸引某个消费群体，并产生预期购买行为。而整合营销传播恰为此理念的实现提供了一种有效途径。通常，包装会出现在平面广告、电视广告等推广媒介中，一起宣传产品，打造深入人心的品牌形象。

4.2.1.3　包装设计的流程

包装设计是一项系统性的工作，需要有不同阶段的工作目标和工作效应，而且不同阶段之间应环环相扣、紧密联系、步步递进，缺少了其中任何的环节，都有可能影响设计的正确实施与创意的准确体现。

包装设计的流程主要包括包装策划、设计定位、方案设计和样品验证四个阶段。

与市场营销关系密切的有两个环节：包装策划和设计定位。方案设计是形成若干具体的包装方案，主要内容包括包装的造型设计、结构设计和装潢设计。在确定 2~3 个较为理想的设计方案之后，应先进行样品验证（小规模试生产）和市场试销，并通过市场反馈情况，之后确定最终包装，正式大批量投放市场。

4.2.2 包装策略

一个商业包装的生命是从拿到订单开始的，然后是设计、生产、包装商品、上架销售等过程，再到使用后的废弃或回收。在这个漫长的生命周期中，设计仅仅是其中的一小部分，但却起到了十分关键的作用，对整个包装的生命周期产生了影响。

因此，在包装设计的初期必须进行总体的包装策划，并形成书面的包装设计策划书。包装策划，是指对某企业的产品包装或某项包装开发与改进之前，根据企业的产品特色与生产条件，结合市场与人们的消费需求，对产品的市场目标、包装方式与档次进行整体方向性规划定位的决策活动。

包装策划是进行正确有效包装设计的前提，是直接影响包装具体设计成败的重要因素。策划阶段的工作越详细、越准确，越有利于包装设计的开展。如果在此阶段，市场调研不够充分，或是策划定位失误，很可能会导致整个包装设计功败垂成。

包装策划主要包括以下三个步骤：

（1）与委托人沟通，了解委托人背景，了解其包装设计的目的和要求，了解产品本身的特性，了解产品的销售对象，了解产品的销售方式和营销现状，了解产品的行业背景等。

（2）进行市场调研分析，了解产品所在行业的包装现状和最新发展趋势（技术、材料、工艺、形式等），掌握主要竞争对手的产品包装情况，对产品的市场需求进行分析，对委托人现有的产品包装及营销现状所存在的问题进行分析。

（3）制定包装策略，进行市场定位（确定目标消费群体），并根据其生理、心理及消费特点，进行产品定位（确定产品的卖点），从而确定本项目包装设计的目标、策略和特色。主要的包装策略包括：系列化包装策略、便利性包装策略、等级化包装策略、绿色包装策略、文化包装策略、企业协作包装策略等。

4.2.2.1 系列化包装策略

现代市场品牌林立、商品众多，消费者难以记住如此多的品牌名称和外观特征。以商品群为单位的系列化包装设计是创立名牌、吸引顾客和促进销售的强有力手段。

系列化包装是企业针对某一品牌的同一种类或不同种类的多种产品，采用一种共性特征（标识、形态、色彩、文字、图案、构图等）进行统一的包装设计，形成一种统一的商品体系和强烈的视觉阵容。通过统一的视觉形式的反复出现，加深消费者对商品的印象，以使消费者直观地感受到品牌的力量。

系列化包装设计的好处在于：既有统一的整体美，又有多样的变化美；上架陈列效果强烈，容易识别和记忆；能缩短设计周期，便于发展商品新品种，方便制版印刷；增强广告宣传效果，强化消费者印象，扩大影响，树立名牌产品。

系列化包装主要分为以下三种类型：

（1）同一品牌、不同功能的商品进行成套系列化包装。

（2）同一品牌、同一主要功能，但不同辅助功能的系列商品，比如某个品牌的多种洁面乳，其主要功能都是洁面，但辅助功能不同（美白、补水、控油等）。

（3）同一品牌、同一功能，但不同型号、不同配方的系列商品。如不同香型的香水、不同口味的饮料等。

4.2.2.2　便利性包装策略

为满足商品便于携带和存放、便于开启和重新密封、便于使用等要求而进行的针对性策划和设计，称为便利性包装设计。

包装的便利性来自两个方面：设计是根本，加工是手段。比如在零食的复合塑料袋上切出一个小小的缺口，可谓举手之劳，却可以方便用户撕开包装；在泡罩包装的背板上划一个十字切口，也能提供很好的便利。如采用提袋式、拎包式、皮箱式、背包式等便于携带，采用拉环、按钮、拉片、卷开式、撕开式等易于开启。

如果设计师能够了解最新的科技进展，就可以与客户协商，在包装加工上不断引入新的技术，在提供使用便利的同时，加强产品的防伪性能。比如有一种激光刻痕技术，已经在软包装上获得应用，它使用激光在复合包装的表面划下一道直线，使消费者可以整齐地撕开包装袋。而传统的塑料袋边缘三角形切口在撕开时会出现不规则的裂痕，甚至可能使内装物散落一地。由于这种激光刻痕技术具有高科技的特点，小企业很难购买和使用，客观上可以为品牌拥有者提供防伪支持。

4.2.2.3　等级化包装策略

企业可针对不同层次的消费者需求，制定不同等级的包装策略，来争取各个层次的消费群体，扩大市场份额。

一般来说，高收入、高学历的消费者比较注重包装设计的品质、制作的精美，而低收入的消费者更注重产品的实用性，偏好简单经济的包装。通常，礼品需要精致的包装，价格较高；若自己使用，则只需简单包装，价格较低。

此外，对于不同品质档次的产品，也可采用等级化的包装。高档贵重产品，包装精致，可体现消费者的身份；中低档产品，包装简略，可以减少产品成本。

4.2.2.4 绿色包装策略

绿色包装策略是指在包装设计之初，就考虑产品在用过之后，包装物可以回收、再利用，以减少对资源的浪费和环境的污染。可以选择可回收、可再生、可降解的包装材料，也可以通过适当的包装造型与结构设计，实现再利用。

包装的再利用根据目的和用途，基本上可以分为两大类：一类是从回收再利用的角度来讲，如重复利用产品运储周转箱、啤酒瓶、饮料瓶等，可以大幅降低包装成本，便于商品周转，有利于减少环境污染；另一类是从消费者角度来讲，商品使用后，其包装还可以有其他用途，可以变废为宝，而且包装上的企业标识还可以起到继续宣传的作用。

4.2.2.5 文化包装策略

由于消费观念的变化和消费水平的提高，人们购买商品不单纯是为了满足生活的基本需求，还需要获得精神上的享受。这表现为消费者对产品的需要不仅停留在功能多、结实耐用上，更要求消费的档次和品位，要求产品能给人以美感和遐想，即"文化味"要浓，能集实用、装饰、艺术、欣赏、情感于一体。

"文化包装"通过运用一定的设计符号语言，借由包装向消费大众传递特定的文化理念或表达某种价值观念，使包装具有一定的故事情节、思想内涵或情调意境，从而提升包装设计的品质和商品附加值。在这种策略指导下，包装设计师不仅要把包装作为一个促进商品销售的手段和品牌文化的载体，更要把包装作为一个文化传承的载体，起到服务大众、文化传播的作用。

现代社会中的商品包装是一种独特的文化，是物化了的文化，而文化则是商品和包装的"魂"。有了"魂"的包装不仅能大大提升商品的层次品质和品牌价值，还能够潜移默化地影响消费者的主观偏好、商品选择，影响社会的经济观、消费观，甚至能左右消费者对世界、社会、人生的根本观念。

4.2.2.6 企业协作的包装策略

企业在开拓新的市场时，由于宣传等原因，其知名度可能并不高，所需的广告宣传投入费用很大，而且很难立刻见效。这时可以"借力用力"，联合当地具有良好信誉和知名度的企业共同推出新产品，在包装设计上重点突出联手企业的形象；或是借用其他知名企业的庞大营销网络推广新产品。这是一种非常实际有效的策略，在欧美、日本等发达国家是一种较为普遍的做法。

4.3 包装设计的功能与价值体现

通过"包"与"装"，产品能集中放置在同一空间内，以方便储存、计量、计价及携带。产品从产地到达消费者手中，需经过包装处理才能组装及运输至卖场售卖。

包装的职责就是在履行封装、防护、储藏等功能的同时，将商品送达指定的卖场，最终送达使用者手中，并保证消费者安全便捷地使用。由于产品种类的不同，包装功能的重要性也相对不同。现代包装设计所需要考虑的功能是多方面的，归纳起来，主要有以下几个方面。

4.3.1　保护性

保护产品是包装最首要的功能，保护产品是第一位的，包装是产品无声的卫士。再好看的包装不能起到保护产品的功能也是失败的。

因为不同产品的属性是不同的，要求也不一样，所以，想要更好地保存产品，增加它的使用期限，包装的保护力就很重要，远远超过外表的设计和制作，有时还得花费更多的物质成本，目的是使使用者在用该产品时能一定程度上降低空间还有时间的影响。

所以，显而易见，在对于产品的保护来说，包装具有重要的作用。

4.3.2　自我销售和促销性

在产品及其销售中，包装起到一种类似于传播介质的作用，当今社会中，超市越来越多，人们也越来越重视外部包装在视觉上产生的效果。产品外部包装的设计，需要传递产品的详细相关信息，包装形式也需要有新意，只有这样，产品才能实现自我销售，直观的外部包装可以实现和顾客之间的直接交流。

基本上，包装要能向顾客详细展示出产品的性质、类别，清楚地表示出使用方法、产品容量等信息，只有这样才能刺激顾客进行消费。包装含有各种不同的要素，如色彩、造型等，各种要素的添加是为了实现它最重要的一项功能，即促销。在一些比较特殊的日子，比如节日或者上架一批新产品时，为了拉动顾客消费，就需要设计一些全新的销售战略。有时需要重新设计产品来帮助促销，比如可以加量不加价，也可以设置一些特价产品，还可以买一送一等。

4.3.3　便利性

包装需要便利，而便利体现在方方面面，包括制作、运输以及最后的销售。至于包装设计的造型，最基本的要求是要简洁，要和生产需要相匹配。选择外部包装的材料时，需满足结构还有造型的要求，这样才能方便机械化生产制造。在具体包装商品时，不能有过于繁杂的装置，为的是方便顾客购买之后的拆取。包装的体积要适中，重量要适当，顾客开启产品必须方便，开启后也同样要便于储存。运输时，应考虑到对方便性的要求，产品经过包装后，在各方面要素上，包括重量、形状等，要考虑运输工具的载重，也得考虑包装内部的剩余空间，外形上，方方正正的包装更利于放置，此外，空间节省也很有必要，这样才能使运输工具得到最大化利用，才能使成本最小化。在包装材料的选择上，要结合各种产品不同的储存要求和条件，需要冷冻的产品要选择适合冷冻的包装材料，需要避光或干燥的存储条件的产品，选择包装材料时也必须能满足要求。

除此之外，包装在使用完毕之后，可以便捷地被回收处理也非常重要和必要。销售方面，由于消费群体的差别，商品的销售市场有所不同，这需要对包装进行合理的分类。

4.3.4 安全性

众所周知，任何一件产品的包装安全性是每个消费者在意的，特别是在当今，包装用料成分、包装的防伪标识以及在儿童安全使用范围这三个方面尤其重要。

包装的用料成分：包装材料不仅要使用绿色无公害的可降解材料，而且要在符合卫生标准的前提下进行选择。

防伪标：现代市场出现的各种伪货仿货的方法手段多种多样，让很多消费者无从选择，所以在产品包装上要使用辨认该产品独一无二的防伪标，确保自身和消费者的利益。

儿童安全包装：有的产品对那些爱玩耍的孩子来说是有害的，一旦误食，就会造成严重的伤害，这就要求生产商对自身产品进行全面的分析，在必要的情况下需要考虑包装设计不仅要方便成人的正常使用，而且不能被儿童随意打开。

4.3.5 环保性

在实现包装保护功能的条件下，包装设计应尽可能轻便简洁，这样既能减少投资的成本又能增加运输量，节省资源的同时又能增加销售量。

4.3.6 为商品创造附加价值

在现有竞争激烈的消费市场里，包装设计肩负的责任更为广泛，不但商品有价值，包装也是有价值的，包装为商品创造附加价值。

现在企业经营者并不仅仅靠产品来获取利润，而更多的是追求产品包装所衍生的商品附加价值，什么样的包装设计能使这件商品取得最大的经济效益，赢得广大的市场；选用什么样的包装要素能和产品成最佳拍档，是当今包装设计者所要追寻的。这就需要设计者全面分析包装设计价值，找寻功能与成本间的最佳结合点，避免不必要的资源浪费，获取最高的效益，这就是包装设计创造的商品附加价值的功能。

对于每个品牌形象来说，独特的包装设计风格能达到宣传企业品牌形象的作用，包装设计的图案、色彩等方面可以让消费者了解企业文化，提高品牌的认知度。所以想传达商品的文化，提升品牌形象，就需要设计者在设计包装时，不仅要加入企业文化；同时还能使包装实现多种用途，延长其服务周期，这样才能使消费者购买后加深对商品的印象。

5 低碳理念下的创新包装结构设计与材质定位

▶▶▶

低碳理念不仅引导人们健康生活，也为包装设计指明了新方向。包装设计应以低碳设计理念为主旨，从包装的源头出发，充分利用绿色包装材料和再生资源来减少碳排放量，保持生态平衡，实现可持续发展。本章以现代包装结构设计的类型分析为基础，通过对包装容器的造型设计分析、纸箱纸盒包装的成型与结构分析，进一步论述低碳理念下的包装材料构成与绿色包装材质定位。

5.1 现代包装结构设计的类型分析

5.1.1 包装结构设计的分类

各种材质的生产和科学技术的进步促使包装结构发生变化，除了固有的特性外，包装还要符合实用规范、符合基本原理和让人赏心悦目。活动式包装结构设计与固定式包装结构设计构成了包装结构设计两个大类。

包装结构设计是产品包装中必不可少的一个组成要素，在设计包装结构时除了要求结构上合理应用，还要考虑到形状、颜色等设计上的美观。结构设计优秀的包装，除了基本的包装和保护产品，使产品变得美丽，让消费者产生购买欲望外，还必须让消费者携带方便，使用方便，让生产销售者方便展示销售产品，方便产品流通运输等。

用充满创意思维的造型和结构来展现现代包装的美感，是包装设计师应该关注的问题。包装的整体形态是由包装平面设计、包装结构设计、包装装潢设计共同体现出来的。平面中对色彩的运用和装潢中对材料的把握都会对包装的最终形态产生影响，但从包装的整体形态上来说，包装材料的影响是较大的。

5.1.2 包装结构设计的原则

（1）对商品的保护性。对商品的保护性主要可以从商品本身的特性以及运输和储存的角度来考虑。商品在运输过程中难免会遇到磕磕碰碰，还有些商品由于本身的特性需要在包装上进行充分的考虑。例如：葡萄等怕挤压的水果，在包装上多采用木盒等坚硬、抗挤压的包装；化妆品由于本身用量小，易挥发，所以包装的口径都很小，以控制用量和抑制挥发。

（2）商品使用的便利性。在对一些商品进行包装前要考虑商品携带、开启、闭合、使用的便利性。除此之外，还要结合销售区域的地理环境进行科学的设计。例如，有一定重量的商品要考虑设计提手，食品类商品要考虑到多次取用的便利性。

（3）对人体工程学的适合性。人体工程学是根据人的解剖学、生理学和心理学等特征，了解并掌握人的活动能力及极限，使生产器具、生活用具、工作环境、起居条件与人体功能相适应的科学。

任何包装都是要给人使用的，所以包装设计师在设计的过程中必须考虑人体工程学，对包装的外形和结构进行科学的分析。如果包装不符合人体工程学，使人们在使用的过程中产生疲劳感，这个包装的前景将会是非常暗淡的。

（4）制作工艺的可行性。在进行包装造型设计的时候要考虑到不同材料、不同包装的加工方法是不一样的。包装造型设计离不开对材料的选择和利用。现代包装不同于手工业时期的包装，需要在机器上进行大批量生产。因此，包装设计师在设计的时候要考虑到加工工艺的难度与可行性，无论是在材料上，还是在工艺和加工成本上，都要进行仔细考虑。

（5）包装材料的可回收性。包装大都是一次性的，在其中的商品使用完后，包装基本上都会遭到废弃，而给环境带来严重的污染。绿色包装已经成为现代包装发展的趋势。包装设计师在设计包装前要考虑包装材料的可回收性与再利用性，以及材料本身的再生性，以减少包装对环境的破坏与污染。

5.1.3　包装结构设计的要素

包装结构设计也称为包装造型设计。包装本身是商品的组成部分，是消费者与商品的媒介，消费者在购买商品时首先接触的是包装，包装结构设计会在生理上和心理上给消费者带来很大的影响。

包装结构与生产工艺、商品成本，以及商品的销售和运输有很大的关系，所以包装结构设计不仅要追求形式美，还要追求实用性。包装结构设计可以运用多种方式，从多个角度追求包装的造型美、材质美和工艺美。下面介绍几种常见的包装结构设计的要素：

（1）线型要素。点、线、面是绘画中重要的构成要素，而线型要素是包装结构中基本的形态要素。线在包装结构中大致分为两类：一类是形体线，另一类是装饰线。形体线就是常说的外形轮廓，装饰线是商品包装上不改变形体的装饰元素。

线条有着自己的情感与表情。线条大体上可以分为竖线、曲线、水平线、斜线等。竖线给人以力量感；曲线给人以柔美、婉转、光滑、细腻的感觉，常见于女性化妆品包装；水平线给人以四平八稳的稳定感；斜线则给人以运动感，在运动产品包装中常常能看见它的身影。

（2）体块要素。体块构成法也称为体块组合法或体块加减法。首先需要以一个基本体块为主要原型，然后对这个基本体块进行加减或组合，形成新的结构。体块构成的方式多种多样，常常会有意想不到的结果。

在设计过程中，要注意不要太过繁杂，要注意局部与整体的关系，并注意空间感和层次感，要让包装结构和谐、统一。

（3）仿生要素。仿生要素是指对大自然中的动物、植物等的形态进行模拟和提炼而得到的结构要素。根据加工提炼的形态制作包装外形，大多具有一定的趣味性。

（4）肌理要素。人们可以通过触觉来感受物品的柔软与坚硬、粗糙与光滑等。人们在购买商品时首先是看到商品，然后是触摸商品。可以通过感受物品表面的肌理变化来影响自身的内在感受，并且可以凭借经验将其转化为视觉和心理感知。在商品包装上通过对肌理要素的处理，可以增加视觉的对比度以及触觉的变化。肌理要素处理得当，可以使商品更具特色，但是如果处理不当，则可能会使人有不舒适感。

（5）透空要素。透空法是指在完整的包装结构上进行穿透式切割，使包装形体呈现出孔或者洞的结构。通过这种方法得到的是一种富有空间感的包装结构。

采用透空要素大致有两个原因：一是单纯地追求造型美；二是为了满足实用的需求。透空包装常常给人以明快的线条感。

（6）光影要素。光影要素常用于玻璃包装。设计师常在包装上做出一定的切面或小结构，这些切面或小结构在光的照射下可以产生不同的效果，使商品更具有立体感、空间感和神秘感，常常给消费者以奢华、高档的视觉感受。

5.1.4 包装结构与包装材料的关系

包装结构与包装材料有着密切的关系。一方面，包装结构可以提高、改善材料的韧性与强度；另一方面，特殊的包装材料本身的特点可以影响包装的结构设计。

从某种意义上来说，材料选择的恰当与否将会直接影响包装设计作品的成败。充分认识和发挥各种材料的特性，创造性地发现、选择和运用不同的材料去创作，是包装设计作品得以实现的一个重要环节。

设计师对材料的选择应该建立在对一切材料的属性的研究和把握的基础上，设计师应根据不同的商品选择与之相对应的相关材料，并以此为契机，构建人与周围世界的和谐关系。

在现代包装设计中，从设计到材料，从材料到设计的思维方式为设计师提供了无限的可能。在材料与设计的融合中，设计师个人的情感和鲜明的风格往往烙印在材料上。一件好的包装设计作品是材料与设计的有机组合，是内容与形式的和谐统一，是物质与精神的完美结合。

5.2 包装容器的造型设计分析

包装容器造型是包装设计不可缺少的重要构成部分，是指包装的外观立体形态，根据产品的实际需要，通过一定的材料、结构和技术手段创造出立体外观形态的活动过程。

5.2.1 包装容器造型设计的基本原则

功能第一性，功能决定形式，是容器设计的最基本的要求。例如茶壶的设计首先考虑的是茶壶的使用特点：

(1) 材料不渗水、易清洗等。

(2) 有入水的壶口、出水的壶嘴及相应的技术工艺要求。

(3) 有滤茶功能。

(4) 有便于操作的把手。

(5) 进气孔等。

在具备了这些功能的基础上，壶的基本形态已具备，然后还要赋予它一个美好、独特的外观。综合起来，包装容器造型设计一般有三个基本原则。

5.2.1.1 功能原则

A　注重保护性

大部分产品在运输储存的过程中容易受到晃动、压迫和撞击，容易造成产品破损；一些有特殊属性的产品更加需要包装结构的特殊造型设计与产品的特性相结合，以保护产品。

B　增加便利性

合理的包装结构设计是新型材质与新型做工的奇妙结合，不仅要求拥有优秀的制造工艺，更需要用合理的结构来尽量满足人体功能力学的要求，如一个设计奇妙、便携的拉手和实用、结实的盖子，不仅能使包装满足保护商品的功能，也能方便人们使用，还可能改变人们的生活方式，增加愉快的使用感受。

C　体现宜人性

通过研究人体的解剖学、生物生理科学和心理学等特性，产生了人体工程学。通过人体工程学可以了解并掌握人体的活动范围和人体的活动极限，使生产工具、生活用品、工作状态、生活起居和人体活动状态相适应。其实现代人体工程学的运用涉及了人类生活的各个方面，每个方面都是人体工程学的研究范围。

这是现代设计必须遵循的趋势，更是产品包装造型设计所必须遵守的基本原则。包装造型设计的范畴包括产品性能、使用范围、使用方法、使用人群、使用环境等。表现在包装结构设计上就是尺寸应匹配实用和美观要求、材质舒适、便于使用，满足客户实用与感官享受的双重要求等。从细节到整体都应更好地体现包装结构设计人性化的设计理念。

5.2.1.2 美感原则

A 传达审美性

包装容器造型的审美性是指包装的造型形象通过人的感官传递给人的一种心理感受，进而影响人们的思想、陶冶人们的情操。它是人类特有的艺术禀赋和智慧，它来自人类心灵的强烈需求。因此，它受到消费者的极度关注，也引起企业策划者和包装设计师的高度重视。

在包装结构造型设计中，除了要注意产品整体的外观形态，如体型结构比例、外表形状的变化；还要进行外观的美化装饰，如颜色、纹理的处理；还要掌握包装造型中标志和附加产品之间的搭配。包装设计的美不仅体现在外观上，也体现在对于产品的功能性实用性的服务上。美与实用相结合，优化设计，才是最好的包装结构设计。

B 加强展示性

包装造型的展示性表现在通过包装造型设计，将产品的各个方面展示给购买者，使购买者能更直观地看到产品。如带有展示功能的盒式包装就能很好地表现这一特性。

C 关注环境因素

现代社会的发展使消费者更加喜欢现代感强的容器。文化素养上的匹配、造型特点上的配合、颜色表达上的融合等都体现了容器自身与环境的关系，这是容器设计要表达的目的性或针对性。

5.2.1.3 经济原则

包装结构设计师除了要学习基础的包装产品设计工艺知识外，还要在生产过程中保持良好沟通的习惯，在造型设计时合理地设计线条、起伏和转折，以此来减少生产、流通中的破损和浪费。如在用纸制品进行包装设计的过程中，用纸板制作成可以折叠的纸盒的设计，改变了人们之前对包装造型设计的刻板印象，纸盒的设计不仅结构巧妙，而且设计成本也更低，减少了设计成本的消耗；同时也减少了运输、储存等流通过程中的损耗，降低了成本，充分体现了包装结构设计中的经济原则。

5.2.2　容器造型设计的形式规律

5.2.2.1　变化与统一

变化与统一是艺术创作和设计过程中一个普遍的规律，只有变化没有统一会给人一种杂乱之感，而只有统一没有变化会让人感觉缺乏生气且呆板。

5.2.2.2　对比与调和

A　线型对比

线型主要包括曲线和直线两大类，但是其变化却是无穷的。而且这两类每一种都可以代表一种感情因素，所以正确地运用是非常重要的。

产品的功能会直接受到线型的影响。如酒壶的壶嘴线型会直接影响酒的流速和落下的定点。通常茶杯的杯口会有轻微的外倾，这些设计是为了符合人们的触觉感受以及流水的性质。

B　体量对比

体量的对比对于造型来说是一个非常重要的艺术手段，如果能够运用得恰到好处就可以凸显出一个形体的主要部位的量感和形态特点，让这个形体的性格更加鲜明，给人一个遐想的空间。

C　空间对比

由于造型采用的构件具有多样化，所以空间对比能给整体造型带来一种与众不同的感觉、一种不同的风格，并直接影响设计的整体效果。

在设计容器的时候，不能一意孤行，要充分地考虑实空间和虚空间的关系，包括比例和对比。

D　质感对比

质感主要是在对比设计中材料的装饰和效果上有所体现，它可以让造型产生一种美感，也可以让造型产生多样性的变化，让精细的部位更加突出，让造型的效果更加鲜明。

在玻璃造型的主体上采用的局部金属和局部木制或塑料等新材料，使设计上体现出一种现代化的装饰效果，使新材料产生一种对比美感。

E　色彩对比

现在设计中最重要的就是材料的优质运用，因为容器设计的合理性和艺术性对于材料色彩的运用有很高的要求。

5.2.2.3　重复与呼应

重复造型的主要特征在系列产品和配套产品中是达到整体呼应关系的主要手

段。一般单体容器造型都是采用重复的艺术手段来强调线型关系的特点和丰富它的造型结构，这种现象在各种艺术创作中也非常常见。

5.2.2.4 整体与局部

设计应克服在局部上采用堆砌、拼凑等一些变化来造型，而且要遵循局部服从整体的要求，造型应追求整体内容的丰富，不能烦琐，更不能破坏整体关系的统一。

5.2.2.5 节奏与韵律

各门艺术在艺术领域里都是相互联系的，音乐中包括节奏和韵律，在绘画中也有节奏和韵律；容器的设计同样也需要节奏和韵律。这些和谐的点、线、面、比例、均衡材质、色彩的反复的重合和组织，也潜伏着一些节奏和韵律。只要形态有韵律就有美感。造型的节奏和韵律主要是由在设计的过程中表现的形态和一些其他因素的影响来获得。

5.2.2.6 动与稳定

容器造型的最基本的要求就是稳定。稳定主要包括两个方面，一个是使用稳定，另一个是视觉稳定，而且设计还要求这两者要统一。

容器在放置过程中不能过于呆板，要移动方便，而且还要有一定的稳定性。造型生动很重要，设计一个容器就要做到用之稳定、观之生动。生动主要体现在线型变化和情调要有一定的吻合性。

5.2.2.7 比例与尺度

造型的审美角度和实用功能都离不开比例与尺度。

5.2.3 包装容器的设计程序

每套设计方案都有一种特别的设计程序，包装容器的设计程序可分为以下 8 个步骤：

（1）就有关造型和信息等方面进行针对性的调查和资料收集。

（2）汇总调查资料并分析。

（3）推出设计的文字方案。

（4）材料工艺的选用。

（5）设计形象稿与设计说明。

（6）容量的计算。器皿容量可以根据几何学中圆柱体的体积公式来计算。圆柱体的造型，必须根据器皿各个部位不同的尺寸分别、分段计算，然后将各个部位的数字相加，求得整体的体积。计算公式：体积×比重＝质量。在所盛物质为水的情况下（水的密度为1），质量＝容量。容量单位为 mL。

（7）绘制工艺制作图和产品效果图。包装容器造型制图应根据制图的统一具体要求，绘出造型的具体形态，然后将比例与尺寸标注出来，作为造型生产制作的依据。

（8）容器的石膏模型制作。石膏模型的注制主要有以下三个步骤：

1）调石膏浆。用清水冲化石膏粉（如果粉质较粗，有杂质，应在调制前过筛），使其变成熟石膏（又名半水石膏）。要具有良好的流动性，减慢其凝固速度，以便操作并使模型表面光滑。石膏与水的比例为 1.2∶1，流动性能一定要好，便于排出气泡，并保持凝固强度。调制石膏浆的操作程序：先将水分量准，倒入调浆桶中，并将称量好的石膏粉倒入水中，搅拌均匀，使水与石膏粉充分混合，搅拌时间为 2~3min。一经搅拌后就不宜再加石膏粉（免生硬块，不便模型的切削车制）。如石膏浆过稠，可适当加水，但需要快速搅拌。石膏粉应在调制前过筛。

2）浇注石膏柱体。用油毡纸卷成圆筒，圆筒的直径要比车制的最大直径大30~40mm，然后用线绳（或铁夹）将油毡圆筒定位在机制轮盘的同心圆轴线上。用少量调制较稠的石膏浆把圆筒底部固定，以防浇注时漏浆。然后将石膏浆倒入油毡筒内，动作要快，并用木棒轻轻搅动圆筒内的石膏浆（或慢慢转动底座轮盘），使浆内气泡排出。

3）车削修正模体。待石膏凝固后，即可把圆筒打开取下，此时石膏柱体尚未完全硬结，先将柱体车削修正、修直；然后从顶部向下量出造型的高度，用铅笔画出有明显转折和最大直径的部位以及口径，再对几个凸出的部位进行车制（或手动切削），产生造型的粗轮廓。车制（切削）时要留有余量，以便调整各部位关系，符合要求的尺寸和形象。

车制（切削）时，运刀要稳，不可随意晃动。特别是关键部位要集中精力，稳而轻地运刀，有时要屏住呼吸。要保持造型线条的流畅，切不可"走刀"。车削前应先准备好卡尺、修刀等工具。

5.2.4 包装容器设计的方法

包装容器的造型设计是一门空间艺术，设计者通过运用不同的材料和不同的加工手段在一定的空间内创造出一个立体结构。因为设计者所需要设计的是一种立体结构，研究的也是一种立体的效果，所以他在设计的过程中所运用的各种技术手段都是为了追求容器的形体美、材料美和工艺美，具体的设计方法可分为6种。

（1）线条法。最首要和最基本的方法就是线条法。

设计者首先要在一张白纸上运用各种线条来进行初步设计，因为线是设计造型中最重要的一种要素，能否正确合理地运用线，直接关乎着设计造型能否成功。

线段主要分为两种：一个是形体线，一个是装饰线。形体显示决定容器形状的线，包括正视图、侧视图、仰视图和俯视图。装饰线是具有一定的装饰性而不影响整体形状的线，它依附于形体之上。

设计者应该在运用线条之前认真研究线的形式规律，例如，对比和调和，韵律和节奏，连贯与呼应，平衡和对称，统一和变化，这些都是形式规律，造型艺术也是这样。

（2）雕塑法。造型设计一般先要设计一个基本型，然后再进行一系列的切割和组合，这就是一种雕塑，而分析一些容器的造型的时候，往往会发现这个造型是由很多种形体组合或者切割而形成。

雕塑法使用的基本形状主要有球形、自然形、三角形和正方形等，这些基本的形状可以雕塑出人们想要的任何形体。雕塑可分为整体雕塑和局部雕塑两种。

（3）模拟法。包装容器的形体可以通过模仿动物，或者人，抑或某一器物，来吸引消费者，并体现出商品的特色，这种设计法就称为模拟法设计。

（4）光影法。在包装容器设计中，利用光和影可以使物体更具立体感、空间感，更为奇妙。光和影是相辅相成的，没有光也就没有影。

光和影的基础就是在于形体的不同方向的凹凸面，所以一个容器如果要想有更好的折光效果和阴影效果就要在容器上增加面的数量。设计面设计得越好，所获得的效果就越强烈。面的组织可以是规则的，也可以是不规则的，可以是尖顶的多角形面的组织，也可以是软的圆弧形面的组织，这要根据商品的性质来决定。

（5）肌理法。肌理是指由于材料的配制、组织和构造不同而使人得到触觉感和产生视觉质感，它既具有触觉性质，同时又具有视觉影响，除了自然存在以外，更可以人为创造。同一种材料可以创造出无数不同的肌理。

包装容器的设计主要就是材料和工艺的运用。如设计化妆品、饮料、药品和酒包装容器时，至少要有两种以上的材料（如玻璃、塑料，还有纸等），设计者不仅要考虑到所需要用的容器的材料，还要考虑如何加工，才能让商品达到所需要的材料美和工艺美。

（6）镶嵌法。在容器造型设计中，把不同的材料组合在一个形体中，是一种新颖的设计方法，通常称为镶嵌法。

这种设计在国内外运用不少，它能充分体现包装容器的工艺美，掩盖和弥补某种材料在加工中的缺陷，使产品以小见大。

5.3　纸箱纸盒包装的成型与结构分析

目前，纸盒包装、纸袋包装、纸箱包装、纸桶包装、纸浆模塑制品等已成为现代包装工业的重要组成部分，广泛用于各类商品的销售包装和运输包装中。在日常生活中，纸盒包装的形式出现得最多。这是因为纸材料轻便，易于加工，并可与其他材料复合使用，从而扩大了其应用范围。

纸盒包装是指通过对纸进行切、割、折、插、粘等工艺，使其成为具有三维立体感的商品包装盒。

随着人们环保意识的加强，人们进一步地加强了对纸这个环保绿色材料的开发及使用，越来越多的发达国家相继研究出各种纸的深加工方法，在纸质领域被拓展的同时，包装领域也不断拓展。

纸盒包装的基本成型构造，是用一张纸将商品正确合理而有机能地包住。其方法是折叠、切割、接上或黏合。

5.3.1　直线纸盒

直线纸盒结构简单，而且盛装效力高，所以，它被广泛应用于片剂类的药品的包装。它的生产方法是将纸皮冲压出折痕，同时切除不需要的部分，然后通过机器或手工一边折叠一边将侧面相互粘起来。它具有在使用前能折叠堆放而节省堆放空间和方便运输等优点；从纸盒结构来看，生产成本低，也是其被广泛使用的一个方面。

它的一个主要的缺点就是，纸盒高度高时，当它竖起的时候就可能会因为所盛放物体的重量而造成脱底，所以它的结构应该更适合于偏薄的产品。直线纸盒主要有以下几种：

（1）套桶式纸盒。套筒式的纸盒比较简单，它既没有顶盖也没有底盖，只是简单地单向折叠形成桶状。常见的如装巧克力和糖果的纸盒。

（2）插入式纸盒。插入式纸盒是直线纸盒的代表，由于两端的插入方向不同可分为直插式和反插式。

1）直插式纸盒。直插式盒的顶盖和底盖的插入结构（舌头）是在盒面的同一面上。

2）反插式纸盒。盒的顶盖和底盖的插入结构（舌头）是在盒面、盒底的不同面上。

（3）黏合纸盒。黏合纸盒没有插入式纸盒的插入结构，是依靠黏合剂把上盖与盒体的延长部分黏合在一起。由于它少了插舌，在它的净面积里几乎没有被切掉浪费的部分，所以，它是一种最节约材料的纸盒结构。再如果将它的底盖设计成拉链式切刀，就足以成为一款既坚固，又防潮的食品包装盒。

　　（4）锁底式纸盒。锁底式的纸盒的原版就是插入式纸盒，它是把插入式的底盖改成了锁定式。这样一来它既省掉了黏合工艺而且还能盛放一些较重的物品，比如药品和化妆品等一些比较立体的产品，所以它也比较受欢迎。相比于插入式，同样的体积，由于它省去了底盖的结构，所以它也比较节约材料。

5.3.2　盘状式纸盒

　　盘状式纸盒是具有盘形的结构，大多数的纸盒的包装都具有这种结构。

　　相比于其他形式的纸盒，盘状式的纸盒具有很多的用途，一些食品、杂货，还有一些蛋糕类点心、纺织品和一些礼品都是采用这种包装。它的一个主要的优点就是它不需要用黏合剂，在纸盒本身的结构上通过增加切口的数量来进行锁定和拴接，让纸盒可以成型并且能够封口。

　　盘状式纸盒可以分为以下几种形态：

　　（1）折叠式纸盒。盒身面积小，利用巧妙的折叠而不用黏合成型，具有方便运输和库存而且还能够省钱等优点。根据所需要使用目的可以改变角的折叠构造，让纸盒的折法发生改变，与此同时，也可以生产出一些单件式的纸盒和双件式的纸盒，还有摇盖式的纸盒，等等。1）双件式纸盒（又称天地盖托盘纸盒）。是分别用两张纸做成两个盘子：盖子和托盘两部分。这种结构自古就被使用，适合于所有的商品。2）摇盖式纸盒。是用一张纸做成的托盘和盖子连在一起的结构。适合于散装饼干、糖果、土特产等的打包。如果内盛物的深度很浅的话，可以把它发展为不用双层盒体，而又不需要黏合的小包装盒，既简单，又可节约成本。

　　（2）装配式纸盒。这是不用黏合而成的纸盒，按照它的结构可分为双层式和锁定式。

　　1）双层式纸盒。就是把四面的壁板做成双层的结构，然后把四面延长的口盖咬合起来，使壁板得以固定住，而不必用黏合剂的纸盒。根据这种结构可以把壁板发展成带有厚度的壁板。这种纸盒由于加固了壁板，再配以开窗或透明的顶盖，一般适合于盛放较有分量的食品糕点、礼品等。

　　2）锁定式纸盒。锁定式的纸盒具有一定的科学性和一定的合理性，能够省去黏合的工序，所以这种结构是当今最流行的一种趋势。然而最简单、最省料的方法就是在盘状纸盒加上一些缺口，然后再做一些小小的防尘翼的改动，就可以形成一个锁定式纸盒。

　　根据这个原理，可以延展出许多种款式的锁定结构。如利用上下切口相互钩住制成锁定口盒，利用侧口盖的延长作为锁定盒盖，等等。

5.3.3　姐妹纸盒

　　姐妹纸盒主要是有两个或者两个以上具有一样造型的纸盒在一张纸上，通过折叠而形成的纸盒，它的造型非常有趣、温馨，也非常可爱，更适合礼品和化妆品的包装。

5.3.4 异形纸盒

由于折叠线的变化而引起了盒的结构形态变化，产生了各种奇特有趣的异形包装盒。

如因在盒体的几个面上开洞，从而产生了纸盒形态的变化；改变纸盒本体部位的直线位子，产生了纸盒主体方向的变化；改变四方形纸盒的形态，并在盒体上增加折叠而产生纸盒形态的变化；增加面的数量时，产生了多面体的变化。

5.3.5 手提纸盒

手提纸盒是一种能给大众带来方便的纸盒，它具有携带的功能，具有简洁、容易拿、成本低等特点，纸盒的把手能够承担商品的重量、不妨碍堆砌和保管。

最基本的形态有：纸盒与手提结构为一体成型的形态，装配时不用黏合，手提的插入结构插入纸盒的某一部位，这样既可坚固纸盒，又因为纸盒内部被把手隔成前后两个空间，利用这两个空间可以放入一对产品。根据这种基本结构，还可发展成异形手提纸盒。

5.3.6 展开式纸盒

展开式纸盒是一种能使消费者很快找到自己想要的商品、促进销售、起宣传广告作用的 POP 纸盒。由于放置地点的不同，因此形成了以下几种基本结构的形态：

（1）延长纸盒的部分壁板，使延长部分既可以打洞悬挂，又可以为产品作广告。

（2）采用连盖托盘体的结构，只要在盒盖上切一条口子并联结上折叠线，就能折叠成为立式形态，为产品做广告，同时还能展示产品。这种结构既简单又实惠，可以说是最好的成品。

（3）通过割开壁板或挖洞，而起到既容易取出商品，又能展示商品的作用。

5.3.7 具有搁板结构的纸盒

具有搁板结构的纸盒以保护产品为主要功能，在采用折叠盒的基础上设计出各种形式的间壁、搁板架等把商品隔开。这对一些易碎商品是最有效的保护手段，同时在开启后也可起到展示作用。最基本的两种形态如下：

（1）延长纸盒的防尘翼，然后向内，并相向折叠后，合并成搁板之形态。纸盒内部空间的变化是随防尘翼的折叠变化而变化的。

（2）改变纸盒的一部分，使它具有搁板的功能。利用纸盒底部壁板的改变和纸盒防尘壁板的延长使其产生搁板。

5.3.8 低碳理念下纸箱纸盒包装的创新研究案例

5.3.8.1 电饭煲瓦楞纸防震包装盒

产品和物资流通是经济活动中重要的组成部分，它以生产工厂为起点，以消费者为终点，广义上讲，它包括了商品及包装的运输、中转、装卸、仓储、陈列、销售等环节。

当今包装新技术层出不穷，如缓冲防震包装、集合包装、显窃启包装、儿童安全包装、防伪包装、保鲜包装、真空包装等。运输及储存时，为了节省面积，常需要将货物堆高。堆码后底部货物包装件将承受上部货物的重压。这种静载压力会导致包装容器变形，影响包装外观及其动态保护性能。据调查，一般仓库堆码高度为3~4m，汽车内堆高限为3m。因此，设计时须校核包装容器的堆码承压强度，以确保货物在运输和储存时的安全。

本案例中，这种电饭煲用的瓦楞纸防震包装盒，能承受一定的压力，并富于弹性，缓冲作用好；它可根据需要制成各种形状、各种大小的衬垫或容器，比塑料缓冲材料要简便、快捷；受温度影响小，遮光性好，自适能好，受光照不变质，可保证电饭煲外表面不被划伤，成本低，具抗压抗堆码性能，耐破损和戳穿，可防震动及各种冲击。如图5-1~图5-3所示。

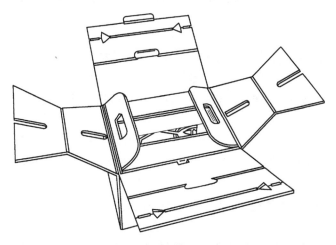

图 5-1　电饭煲瓦楞纸防震包装盒结构示意图

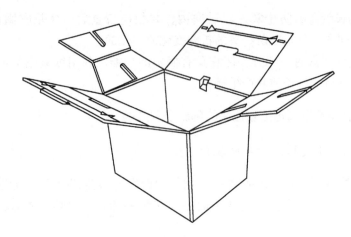

图 5-2　电饭煲用瓦楞纸防震包装盒外箱体结构示意图

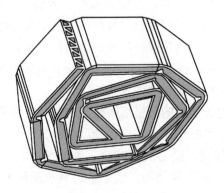

图 5-3　电饭煲瓦楞纸防震包装盒缓冲加强件的结构示意图

其有益效果：

（1）结构独特，无须塑料泡沫即可完成对电饭煲的固定，具有强力的抗摔、抗挤压、抗穿透、抗震动能力，节省资源，在不填满电饭煲的放置空间的情况下，只利用多重缓冲空腔即可增强缓冲级数，具有更强的防震防压调适能力，更安全可靠。

（2）充分利用瓦楞纸板价格便宜，易于回收且易翻折的特点，该瓦楞纸护角实现了对平板产品的包装，解决了传统的平板产品包装成本高、模具制作费贵、易污染环境等问题，由于全部采用瓦楞纸板折叠组合而成，因此在包装前，瓦楞纸板可以堆叠在一起，占用仓储空间和运输空间较小，节约物流成本。

（3）利用弯折卡板实现自锁，使缓冲部件组之间受力相互影响，增强了各部分的自适性，从各个面增强了缓冲能力，当对一个面施力时，其他的面都会跟随产生变化。

（4）加提手的 U 形衬板使整个包装盒增加一层衬板，增加抗穿透能力及弹性，同时使拆卸更加方便，只需用提手可将整个包装提出。

（5）卷折而成的缓冲加强件设置在电饭煲的四周，可根据电饭煲的当时状态自动压卷，因其为卷状结构，抗压能力及自我恢复能力强，可根据电饭煲与缓冲部件组之间的空隙大小自动调节形状。

5.3.8.2 陶瓷茶具便携式套装

陶瓷易碎品的缓冲包装或者运输包装，材料多种多样，有纸浆模塑、木箱、棉布、竹编，还有瓦楞纸板等。现有运输包装形式主要有外包装防护、瓦楞纸箱、蜂窝纸板箱、缠绕薄膜包装、内包装、衬板、泡沫塑料及其纸浆模塑等替代品、气垫薄膜、现场发泡、填料等。

本案例为易碎品缓冲包装提供一种全方位、可解决多种易碎品缓冲包装问题的包装方案。此次设计的产品从底座、茶壶、烧水杯到壶盖全部采用瓦楞纸板，抛弃了原来复杂且只能用来做运输而不能做销售的纸浆模塑制品，如图 5-4～图 5-6 所示。

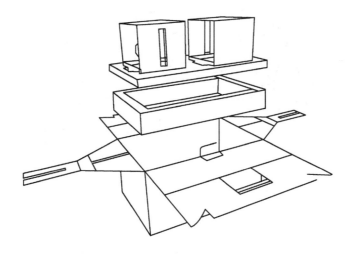

图 5-4　陶瓷茶具的便携式套装结构示意图

其优点：

（1）用于陶瓷茶具的便携式套装结构均采用瓦楞纸进行制作，减少包装结构的重量，同时提升缓冲效果及支撑效果。

（2）外包装盒具有两种状态，平整状态时可将多个套装结构进行堆叠，折叠状态时，可变成手提式方便携带。

图 5-5 陶瓷茶具的便携式套装结构外包装盒的结构示意图

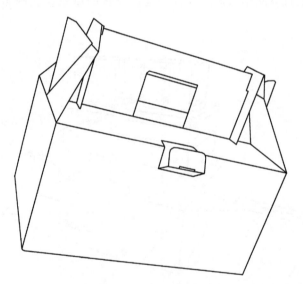

图 5-6 陶瓷茶具的便携式套装结构外包装盒的打开结构示意图

5.4 包装材料的材质构成与绿色包装材质定位

5.4.1 包装材料材质构成

包装材料是指制作各种包装容器和满足产品包装要求所使用的材料，在产品包装设计过程中，使用什么材料进行包装和制作包装容器，要根据产品自身的特性决定。如果选材不当，会造成包装破碎，损坏内装物品，给企业带来不应有的损失。

因此，研究包装材料的性能、合理地选择包装材料，是进行包装设计的重要内容之一。

目前，经常使用的包装材料除了纸材、塑料、金属、玻璃、陶瓷、木材以外，还有复合材料等。纸、塑料、玻璃、金属是现代包装产业的四大主要基材。其中纸制品增长最快，原料来源也较为广泛。纸材比起玻璃更不易碎，比金属更加轻巧易携带，比塑料更环保，是最具发展前景的绿色包装材料之一。

5.4.1.1 纸

纸包装材料基本上可分为纸和纸板两大类。

纸和纸板是按照定量和厚度来进行区分的：一般而言，定量在 $200g/m^2$ 以下、厚度在 0.1mm 以下的为纸；定量在 $200g/m^2$ 以上、厚度在 0.1mm 以上的为纸板。纸是目前应用得最多的一种包装材料，其成本低廉、容易成型、加工方便，并且适合印刷和大批量生产，在一定程度上可以回收再利用。

A 纸的特性

我国是世界上最早发明纸的国家：公元 105 年，蔡伦在东汉京师洛阳总结前人的经验，改进了造纸术，以树皮、麻头、破布、旧渔网等为原料造纸，大大提高了纸的质量和生产效率，扩大了纸的原料来源，降低了纸的成本，为纸取代竹帛开辟了广阔的前景，为文化的传播创造了有利条件。纸是在植物纤维中加入填料、胶料、色料等加工而成的一种物质。

按功能的不同可将纸分成生活、包装、工业、文化用纸等，其中的文化用纸又可分为印刷、艺术绘画、书写用纸。印刷用纸按其特性又可分成胶版印刷涂料纸、白板纸、字典纸、凸版印刷纸、凹版印刷纸、新闻纸、书面纸等。纸材料包装具有以下优点：原料来源广泛，容易大批量生产，生产成本低，可回收再利用；密度小，运输方便，使用方便；加工性能好，折叠性能优良，便于成型。

许多流行、美观的商业包装采用纸材料作包装，因其特殊的造型和优美的印刷而受到消费者的喜爱。

我国森林资源不足，国家大力提倡使用非木浆原料来造纸，如甘蔗渣、芦苇、竹子等，以增加原料的来源。此外，还可以研究新的纸浆增强剂来改善纸的结构，以增加纸的强度，从而达到降低纸板的厚度和减量的目的。技术改进能帮助完善包装设计。因为纸有自己特有的属性，如不导电、容易折叠、轻、吸湿性很强、不容易腐烂、加工方便、成本低等，造纸行业已成为一个快速发展的行业。

B 纸的主要种类

（1）牛皮纸。牛皮纸通常呈黄褐色。半漂或全漂的牛皮纸浆呈淡褐色、奶油色或白色。牛皮纸的定量为 $80 \sim 120 g/m^2$。牛皮纸采用硫酸盐针叶木浆为原料，经打浆，在长网造纸机上抄造而成。牛皮纸具有较高的抗拉强度和较好的透气性。牛皮纸可用于信封纸、购物袋和食品袋等。

（2）硫酸纸。硫酸纸是由细小的植物纤维通过互相交织，在潮湿状态下经过游离打浆（不施胶、不加填料）、抄造，再以72%的浓硫酸浸泡 $2 \sim 3s$，用清水洗涤后以甘油处理，干燥后形成的一种质地坚硬的薄膜型的物质。硫酸纸质地坚硬、致密，稍微透明，具有强度高、不易变形、耐晒、耐高温、不透气、防潮湿、防水、不沾油、老化慢等特性，特别适合用于药品与食品包装等。

（3）玻璃纸。玻璃纸是一种以棉浆、木浆等天然纤维为原料，用胶粘法制成的薄膜。玻璃纸表面平滑，透明度高，无毒无味，空气、油、细菌和水都不易透过玻璃纸，使得玻璃纸多用于药品包装、食品包装、化妆品包装等。

（4）蜡纸。蜡纸是表面涂蜡的加工纸，原纸大都采用硫酸盐木浆抄造形成。在涂蜡的时候其吸收性的要求影响是否要施胶，通常不加填料，在原纸上印刷或者是染色后再涂蜡。蜡纸具有极好的防水性能和防油脂渗透性能，具有不易变质、不易受潮、无毒等优点。蜡纸主要用于各种不同的食品包装，如糖果纸、面包纸、饼干纸盒等。

（5）胶版纸。胶版纸旧称"道林纸"，是一种较高档的印刷纸，一般采用漂白针叶木化学浆和适量的竹浆制成。胶版纸分为单面胶版纸和双面胶版纸。胶版纸伸缩性小，平滑度高，质地致密，不透明，白度高，防水性能好，适合于彩色包装印刷。

（6）铜版纸。铜版原纸是使用加有部分漂白化学草浆或者是漂白化学木浆放在造纸机上面形成的。以铜版原纸为纸基，将白色涂料、胶粘剂以及其他辅料在涂布机上进行均匀地涂布，并经过干燥和超级压光就可制成铜版纸。铜版纸具有纸面光滑平整、光泽度高等特点。铜版纸纸面有涂层，印刷时不易渗墨，多用于高级美术印刷品、广告、商标等的多色套印。

（7）漂白纸。漂白纸是由软木和硬木混合的硫酸盐木浆经漂白而制成，其特点是强度高、平滑度高、白度高。漂白纸多用于食品包装、标签纸等。

（8）白纸板。白纸板由面层、芯板、底层组成。生产白纸板时，面层和底层使用漂白浆，芯板使用机械浆、二次纤维、未漂浆或半漂浆。白纸板的定量为 $200 \sim 400 g/m^2$。白纸板具有不起毛、不掉粉、有韧性、折叠时不易断裂等优点。白纸板可分为双面白纸板和单面白纸板，双面白纸板底层的原料与面层相同，双面白纸板一般用于高档商品包装，一般纸盒大多采用单面白纸板，如香烟、药品、食品、文具等商品的外包装盒一般采用单面白纸板。

（9）黄纸板。黄纸板又称为草纸板、马粪纸，是一种呈黄色、用途广泛的纸板。黄纸板主要由半化学浆和高得率化学浆在圆网造纸机上抄造而成。黄纸板主要用于制作低档的中小型纸盒、讲义夹、书籍封面的内衬、五金制品和一些价廉商品的包装。黄纸板用美观的标签贴在后面，还能用来包装针织品和服装等。

（10）瓦楞纸板。瓦楞纸板至少由一层瓦楞纸和一层箱板纸（也称为箱纸板）黏合而成，具有较好的弹性，主要用于制造纸箱、纸箱的夹心以及易碎商品的包装。用土法草浆和废纸经打浆，制成类似黄纸板的原纸板，原纸板经过机械加工被轧成瓦楞状，然后在其表面用硅酸钠等黏合剂将其与箱板纸黏合，即可得到瓦楞纸板。瓦楞纸板的规格与瓦楞的规格有关。目前，世界各国瓦楞的规格主要有 A 型、B 型、C 型、E 型。瓦楞的楞型根据楞高和单位长度内的瓦楞数来确定。一般瓦楞的楞型越大，瓦楞纸板越厚，强度越高。瓦楞纸板的瓦楞波纹像一个个连接起来的拱形门，相互支撑，形成三角形结构体，具有较高的机械强度，在平面上能承受一定的压力，并具有较好的弹性。瓦楞纸板根据需要可制成各种形状和大小的衬垫和容器，受温度的干扰小、不透光，在光的照射下不容易发生变质，受湿度的干扰也很小，但不适合在湿度很大的环境中长时间使用，否则强度会受到影响。

（11）纸浆模塑制品。纸浆模塑是一种立体造纸技术，指以废纸为原料，添加防潮剂（硫酸铝）或防水剂，根据不同的用途制成各种形状的模塑制品。纸浆模塑制品是近些年发展起来的新型包装材料，是木材的优良替代品。纸浆模塑制品的制造工艺为：原料打浆—配料—模压成型—烘干—定型。纸浆模塑制品具有良好的缓冲保护性能，所以多用作鸡蛋、水果、精密仪器、玻璃制品、陶瓷制品、工艺品等的包装衬垫。

（12）蜂窝纸板。蜂窝纸板是根据自然界中蜂巢的结构原理制成的，它是把瓦楞原纸用胶粘剂连接成多个空心的立体正六边形，形成一个整体的受力件——纸芯，并在其两面黏合面纸而成的一种新型的环保节能材料。蜂窝纸板包装箱是理想的运输包装。由于蜂窝纸板的结构，蜂窝纸板包装箱可降低商品在运输过程中的破损率。

C 纸材料造型设计

在进行纸材料造型设计时，不可以盲目地追求外形好看，首先要对商品有一定的了解，然后确定这种商品适合什么结构的包装。不同的商品，储存与开启的方式不一样，包装结构会有很大的区别，只有进行科学的定位之后，才可以进行设计。纸容器主要有三个部分，分别为盖、体、底。这三个部分的结构和形式发生变化，就可以得到不同的包装结构。

（1）天地盖式。天地盖式包装一般由盒盖与盒身两个部分构成，采用套扣的形式进行闭合。盒子一般使用硬质纸板制作而成，盒体结实、牢固，有一定的保护性，给人以稳重、高档的感觉。这种包装结构常用于礼品包装或奢华品牌商品包装。

（2）手提式。手提式包装如图5-7所示，一般用于较大或较重的商品，其目的是方便消费者购买后携带。一般是在包装上设计一个可供人手提拉的把手，手提部分可以利用盖与侧面的延长部分相互锁扣而成，也可以用附加的方法来制作。把手的形状不固定，但是一般都可以折叠，以节约空间。这种包装结构常用于玻璃器皿包装、食品包装和家电包装。

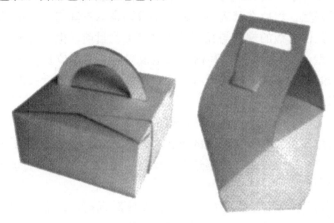

图5-7　手提式

（3）开窗式。开窗式包装是指在包装的展示面上开一个可以展示内部商品的窗口，在窗口部分通常使用透明的塑料薄膜对包装内的商品进行密封保护，使消费者可以直观地看见里面的商品，从而满足消费者的好奇心。因为消费者可以直观地看见实物，所以可以放心地购买商品。这种包装结构常见于食品包装和玩具包装。

（4）摇盖式。摇盖式包装是一种广泛使用的包装结构，其盖体与盒体连接在一起。通常是在一张纸板上完成裁切，压痕后弯折成型，造型简单，成本低廉，使用方便，样式丰富。这种包装结构常见于药品包装、点心包装等。

（5）抽屉式。抽屉式包装也称为抽拉式包装，由套盖与盒体组成，因形状结构像人们在生活中所用的抽屉而得名。套盖有两头开口和一头开口两种，而盒体一般是敞开式的，也有封闭式的，封闭式的不多见。这种包装结构方便多次取用，常见于火柴、糕点、工艺品等的包装。

（6）吊挂式。为了方便商品的陈列与展示，在盒体上增加一个可以悬挂的附件，这种包装称为吊挂式包装。吊挂式包装可以增加商品在展示中的趣味性，一般用于较轻的商品，如休闲食品、日用品等。

（7）封闭式。封闭式包装，顾名思义，就是将整个包装全部密封起来，防止包装内的商品洒出，在一定程度上可以保护包装内商品的完整性。主要的开启方法是沿着开启线撕拉开启。这种包装结构常见于饮品包装、食品包装与药品包装。

（8）模拟式。模拟式包装结构是指模仿生活中或大自然中的物品形状而得到的包装结构，外形写实，很容易让消费者产生联想，常用于化妆品包装与食品包装。

（9）陈列式。这种包装又叫作 POP 式包装，有许多特点，比如能更好地将内部商品展现给消费者，包装的自身就有展示性，包装的形式结构丰富多样，能吸引消费者的眼球，促销效果很好。这种包装结构很多类型的商品都适用。

（10）姐妹式。姐妹式包装如图 5-8 所示，又称为连体式包装，是由一张纸折叠而成的两个或两个以上单元相连接的包装，共用盒底与盒盖，有多个容纳商品的空间，一般用于同品牌不同商品的组合包装，以及同商品不同口味的食品包装。

（11）书本式。书本式包装是摇盖式包装的延伸，因其外形和开启方式与书本相似而得名。这种包装结构常见于巧克力包装。

D　纸在包装结构设计中的运用

纸容易大批量生产，成本小，能回收利用，而且还有许多优点，如折叠性

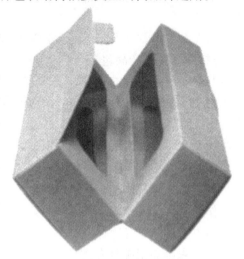

图 5-8　姐妹式

好，便于运输，方便使用，容易成型，并且还能和铝箔、塑料薄膜等材料一起制造复合型的材料包装，所以，在包装材料中，纸有很重要的地位。纸还能做纸盒、纸袋等。纸盒除了能用在工艺包装之外，还能用作购物袋。它的外形很稳定，不容易变形，能用作商品的包装。

包装的结构和材料有着密不可分的联系，好的包装结构可以增加和改进材料的韧性和强度，而且特定的材料影响包装结构设计。随着加工技术的慢慢改进，有越来越多形式和结构的纸容器出现。一模一样的纸质材料，可通过转化组装、展示、开启等方式，形成不同形式和形状，给消费者带来不一样的视觉感受。

E　纸包装制品的分类

按一般的功能和用途，纸包装制品可分为纸容器、瓦楞纸箱、纸盒、纸袋、纸罐、纸筒、蜂窝纸板制品、纸杯、纸碗等。

其中，最为重要的产品运输包装形式是瓦楞式箱，纸盒大多数都用于药品、食品、电子等各种产品的销售包装。这是生活中最常见的两种包装形式，在包装纸中有很重要的地位。

5.4.1.2　塑料包装材料

1907 年，美籍比利时人列奥·亨德里克·贝克兰发明了酚醛树脂（一种合成塑料）。塑料自从问世以后，就逐步成为使用非常广泛的一种经济型包装材料，而且使用量在逐年增加。

塑料具有防水、防潮、防油、透明、质轻等优点，而且加工简单、成本低廉、易成型。塑料也有缺点，如不透气、不耐高温、难回收利用、容易给环境带来污染等。

农夫山泉邀请英国设计公司 Pearlfisher 为"东方树叶"设计了包装形象。"东方树叶"系列产品包括红茶、绿茶、茉莉花茶及乌龙茶四种。这个设计一进入市场就受到消费者的欢迎，使"东方树叶"在众多饮品中脱颖而出。该设计以瓶身上的视觉形象为载体，向大众传播文化信息，例如乌龙茶包装上的船只标志着第一艘将茶叶运送到英国的商船。该系列包装的结构、瓶形及图案设计相对于市场上的其他茶饮料来说，是相当讲究的。塑料包装使得瓶子非常透明，代表了产品的高质量，让大众放心。

A　塑料包装材料的分类

作为包装材料的塑料有很多种类，不同种类的塑料有不同的性能，有一些塑料制品中还含有一定的有害物质，所以在包装前一定要选好材料。

（1）聚酯。聚酯具有优良的耐磨性和尺寸稳定性、强度大、透明性好、无毒、防渗透、受温度影响小、耐弱酸和有机溶剂等优点，常用于矿泉水瓶、碳酸饮料瓶等，不适合作为啤酒、葡萄酒的包装材料。

（2）高密度聚乙烯（HDPE）。高密度聚乙烯较耐各种腐蚀性溶液，常用于清洁用品、沐浴产品的包装。高密度聚乙烯包装大多不透明。

（3）聚氯乙烯（PVC）。聚氯乙烯的特点是质硬、晶状透明，但抗冲击性差；保香保味性好，对氧、水、油、醇的阻隔性优良，不易受酸、碱的腐蚀，易受较多化学物品的影响；长期暴露于紫外线中易发黄，过热（136℃）易分解，产生腐蚀性物质。聚氯乙烯用于食品包装时要求材料中单体（VC，对人体有害）含量低且稳定。废弃物焚烧会造成环境污染。

（4）聚丙烯（PP）。聚丙烯属于质轻的塑料，密度仅 $0.9g/cm^3$，可以采用热成型、吹塑、注射等多种塑料加工工艺，但加工周期较长。其特点是价格低，片材不透明，但薄膜晶状透明，表面光亮；有弹性，有韧性，可承受反复弯曲；刚性好，可用于制作薄壁容器；熔点高，适合做可蒸煮食品的包装；耐油脂、强酸（硝酸除外）和碱；低温下脆性明显，耐冲击性降低。

（5）聚苯乙烯（PS）。聚苯乙烯价格便宜，应用广泛。其特点是表面光洁度高，透明度高；注射成型，收缩率小，变形小；冲击强度低，但经拉伸的薄膜有较高的冲击强度；熔点低，不宜作为热食品的包装；对水、气的阻隔性差；不耐高浓度化学品、有机溶剂等的腐蚀。

（6）聚碳酸酯（PC）。聚碳酸酯是玻璃材料的有力竞争者。其特点是成本较高，但加工性能良好，延展性好，尺寸稳定；无味，洁净，不污染食品，可用于肉类、牛奶、奶制品及其他食品的包装；耐稀酸、氧化剂、还原剂、油脂、盐类等，易受碱、有机化学物质的侵蚀。

（7）聚酰胺（PA）。聚酰胺俗称尼龙，生产成本较高。其特点是力学性能和热稳定性良好；低温柔韧性好，屈服强度高；对气体、气味、油的阻隔性好；易于热成型加工，可用于肉类、奶类等食品的包装，以及需要消毒处理的医药品的包装。

B　塑料包装的优点

（1）质轻，力学性能良好。塑料的密度一般为 $0.9 \sim 2.0 \mathrm{g/cm^3}$，只有钢的 $1/8 \sim 1/4$，铝或玻璃的 $1/3 \sim 2/3$。

制成同样容积的包装，使用塑料材料比使用玻璃材料、金属材料轻得多，这对长途运输来说，可起到节约运输费用、增加实际运输能力的作用。塑料包装材料在拉伸强度、刚性、冲击韧性、耐穿刺性等力学性能方面，某些强度指标比金属、玻璃包装材料稍微差一些，但比纸质材料要高得多。

（2）具有适宜的阻隔性和渗透性。选择合适的塑料包装材料可以制成阻隔性适宜的包装，如阻气包装、防潮包装、防水包装、保香包装等。对于某些蔬菜、水果，要求包装对气体和水分有一定的渗透性，以满足蔬菜、水果的呼吸作用，用塑料制作的保鲜包装能满足上述要求。

（3）化学稳定性好。塑料包装材料可以耐一般的酸、碱、盐，因此，塑料包装不易被内装物如食品中的酸性成分、油脂等，以及包装外部环境中的水、氧气、二氧化碳等腐蚀。这个优点是金属包装材料所不具有的。

（4）透明性良好。塑料包装材料有很好的透明性，用这种材料做成的容器，消费者可以看到里面装的东西，能起到展示和促销的作用。

（5）无毒。大部分塑料包装材料是没有毒性的，可以放心地用于食品包装。

（6）加工性能和装饰性良好。塑料包装的成型方法有多种，如使用注射、吸塑等，并且容易上色或者是印刷上装潢的图案。塑料薄膜可以在自动包装机上自行成型、灌装，生产效率非常高。

C　塑料包装结构的分类

（1）箱式包装结构。塑料包装箱一般采用热塑性塑料加工而成。为了提高硬度而又不会过重，在箱壁处常加有加强筋。箱式包装结构可以根据要求在内部加设隔断。箱式包装结构广泛运用于食品包装、啤酒包装和五金商品包装。

（2）盘式包装结构。塑料盘式包装通常是采用压铸、压制或注射方法制作而成，容量不大，但是有很好的展示性，便于摆放物品与销售商品。这种包装常用于不怕挤压、不易变形的小型商品，如小型零件等。

（3）中空包装结构。塑料中空容器是先经过注射或挤压得到型坯，再经过中空吹塑而成。中空包装有多种样式与造型，如瓶式、内胆式、复合多层式等，常用于饮品、化妆品、生活用品等。

（4）桶式包装结构。桶式包装一般是通过注射吹塑、挤出吹塑或旋转模塑等方法制成。具体形式分为密封式、开口式等。其优点是规格多、质量好、不易破损、耐用、防水。桶式包装常用于工业原料、油、水等。

（5）软管包装结构。塑料软管的管身一般是用挤出成型的方法制作，而管口多用注射的方法来制作，然后将两部分连接在一起。软管包装常见于化妆品包装、食品包装和颜料包装。

（6）杯式、盒式包装结构。杯式包装一般是用注射、热压等方法制作，多数情况下表面还会用复合型塑料薄膜密封，以免包装内的商品流失，常用于食品，如果冻、冰激凌等。

5.4.1.3　金属材料包装设计

金属是一种具有光泽（即对可见强烈反射）、富有延展性、容易导电和导热的物质。

金属包装的应用起源于 19 世纪的欧美国家，最初运用金属包装是为了满足军队远征时保存食品的需要，后来随着制作技术的进步，金属包装逐步变成了人们喜爱的包装类型。

金属包装因为其材质特性，比一般包装的抗压能力更强，且不易破损、不透气、防潮、防光，同时方便运输，款式多样，印刷精美。

金属包装大多数用于工业产品、日常用品、药品、食品包装等。相比之下，用于食品包装的比例是最大的。

A　钢材在包装结构设计中的运用

钢材有很广阔的来源，成本和消耗的能量都很低，是一种重要的包装材料，在包装中使用的钢材大多数是低碳的薄钢板，因为薄钢板有很好的延展性和塑性，制罐工艺性也很好，并且保护性能也不错。

钢制包装材料的最大缺点是耐腐蚀性差，容易生锈，要在表面镀层和涂料之后才可以用。按用途和表面镀层成分的不同。钢制包装材料可以分为以下几种：

（1）运输包装用钢材，大多数是用来做运输包装用的巨型容器，比如钢桶、钢罐、集装箱等。

（2）镀锌薄钢板，又称为白铁皮，是制罐材料之一，主要用于制造工业产品包装容器。

（3）镀锡薄钢板，又称为马口铁，是制罐的主要材料之一，大量用于罐头工业。世界上第一个马口铁罐由英国人在 1810 年发明。马口铁指两面镀有商业纯锡的冷轧低碳薄钢板或钢带，厚度一般为 0.15~0.3mm。锡主要起防止腐蚀与生锈的作用。镀锡薄钢板将钢的强度、成型性与锡的耐腐蚀性结合于一种材料之中，具有耐腐蚀、无毒、强度高、延展性好等特性，且表面具有银白色光泽。镀锡薄钢板常常用于食品包装、药品包装等。

（4）镀铬薄钢板，又称为无锡钢板，是制罐材料之一，可部分代替马口铁，主要用于制造饮料罐、饮料瓶等。

B　铝材在包装结构设计中的运用

铝材用于包装比马口铁要稍微晚一些，但是它的出现却使得金属包装材料产生了巨大的飞跃。

铝材的主要特点是质量轻，无毒无味，可塑性好，延展性和冲拔性能优良，在大气中化学性质稳定，不易生锈，表面洁净，有光泽。

铝的不足之处是在酸、碱、盐介质中不耐腐蚀，故表面需要采用涂料或镀层才能用作食品容器，铝材很少用在运输包装上。包装用铝材可以分为以下几种：

（1）铝板。为纯铝或铝合金薄板，是制罐材料之一，可部分代替马口铁，主要用于制作饮料罐、药品管、牙膏管。近年来，大部分易拉罐都为铝制品。

（2）铝箔。是一种用金属铝直接压延成薄片的烫印材料，采用纯度在99.5%的电解铝板经过压延制成，厚度在 0.2mm 以下。一般包装用铝箔都是和其他材料复合使用，作为阻隔层，提高阻隔性能。铝箔的烫印效果与纯银箔的烫印效果相似，故又称为假银箔。铝箔按厚度可分为厚箔、单零箔和双零箔。厚箔指厚度为 0.1~0.2mm 的铝箔。单零箔指厚度为 0.01~0.09mm 的铝箔。双零箔指厚度以 mm 为计量单位时小数点后有两个零的箔，即厚度为 0.005~0.009mm 的铝箔。铝箔因其优良的特性，广泛用作食品、香烟、药品、家庭日用品等的包装材料。

（3）镀铝薄膜，底材主要是塑料膜和纸张，在其上镀上极薄的铝层。镀铝薄膜可作为铝箔的代替品，在包装行业有着独特的用途，广泛用于食品、饮料的软包装，与耐热塑料薄膜复合制成的容器可用于高温消毒食品的包装。

C　金属包装结构

（1）金属桶。金属桶是一种用金属板制成的容量较大的容器，常用桶型有小开口桶、中开口桶、提桶、全开口桶、闭口桶、缩颈桶等。金属桶常用的金属材料是热轧薄钢板、冷轧薄钢板、冷轧镀锌薄钢板、铝板。

（2）金属罐。金属罐是一种用金属薄板制成的容量较小的容器，有密封和不密封两类。金属罐分为两片罐和三片罐：两片罐又称为易拉罐，常见于啤酒包装。三片罐是用马口铁制成的，罐体上部呈圆锥状，最上面是冕状罐盖。金属罐常用的金属材料是铝合金薄板、镀锡薄钢板。金属罐常用于饮品包装。

（3）金属喷雾容器。金属喷雾容器是由能够承受一定内压力的不透气的金属壳体和阀门等组成的金属容器。金属喷雾容器常用的金属材料是冷轧薄钢板、镀锡薄钢板、镀铬薄钢板、铝合金薄板。金属喷雾容器常用于杀虫剂、化妆品等的包装。

（4）金属软管。金属软管通常用作管状包装容器，是半流体、膏状产品的主要容器之一。金属软管常用的金属材料是锡、铝和铅。金属软管常用于牙膏、颜料等产品的包装。

（5）金属箔。金属箔常用于两类包装结构：一类是以铝箔为主体经成型加工得到的成型容器或半成型容器，结构有盒型、浅盘型；另一类是袋式容器，又称为软性容器，是以纸、铝箔、塑料等材料制成的复合型袋式包装。金属箔常用于烟的内包装和巧克力包装等。

5.4.1.4　玻璃与陶瓷材料包装设计

玻璃包装与陶瓷包装是两种古老的包装方式。玻璃与陶瓷的相同之处是同属于硅酸盐类材料。它们材质相仿，具有稳定的化学性质。因为炼制、成型的方法不一样，所以它们有一定的差别，陶瓷是先成型之后再成材，而玻璃则是先成材之后再成型。

A　玻璃的特性和分类

以前的人类能制造出玻璃来，主要是因为它的基础材料很容易在自然界中找到，比如纯碱、石灰石等。当这些材料高温熔融时，就形成了玻璃的液体状态，可供随时铸模成型。

随着科学技术的不断发展，不管是人工材料还是自然材料都越来越丰富，玻璃正展现出它的独特魅力，玻璃是各种包装的主材料之一，已经有上千年的历史。玻璃具有坚硬、透明、气密性和装饰性良好、耐化学腐蚀、耐热、无污染等特性，因此，它是一种优良的包装材料。玻璃是很重要的材料，在人们的生活中不可缺少。

随着技术的推动，玻璃的用途越来越广泛。玻璃有很多优良的物理化学性质，如不透气，没有味道，有一定强度，没有毒，化学性质稳定，还能防紫外线，能很好地保护里面的东西；玻璃容易造型，透明性非常好，适应性强，有美感，可以做成很多类型的容器；可以生产玻璃的原料很多、很廉价，价格很固定，方便回收利用，对环境没有污染，是环保材料。

玻璃制品大多数是用来存放化学试剂、药品、化妆品、饮品、文化用品的玻璃瓶、玻璃箱等。玻璃还是现在的包装主要材料之一，它独特的个性能满足现在包装的各种要求。若按化学的成分分类，它可以分为下面三种：

（1）钠玻璃，主要用于大批量生产经济型玻璃制品，如平板玻璃、玻璃瓶、灯泡、食品罐等。

（2）铅玻璃，主要用于制作高级玻璃制品，如工艺品、酒瓶等。

（3）硼砂玻璃，是一种耐膨胀、耐高温的玻璃，主要用于制作耐高温玻璃制品。

B　玻璃在包装结构设计中的运用

玻璃很优雅，很神秘，让爱幻想的人为此着迷。玻璃可以使人有广阔的想象空间，玻璃不仅是最古老的人工材料之一，还有可能是第一种被大规模应用的人工材料。玻璃瓶按瓶口的大小，可分成细口瓶和广口瓶。

生活当中的玻璃瓶一般是指饮料用瓶、药品用瓶、化妆品用瓶等。食品类用瓶通常是广口瓶，大多数用来装酱菜、瓜果、咖啡、奶茶等。通常说的饮料用瓶大多数是装没有压力的饮料，比如咖啡、果汁等。

玻璃能广泛地应用在食品的包装上，主要是因为玻璃不会污染食品。在法国、美国、德国，很多酒和饮料类都是用玻璃来装的。在英国，玻璃容器大多数是用来装速溶咖啡和果酱的。

玻璃是光的载体，光是玻璃的韵律。光的透射、折射、反射可将玻璃的材质美淋漓尽致地表现出来。玻璃具有无气味、容易成型等特点，光滑透明的质感和多种多样的造型，往往象征着高品质。比如依云瓶装水的瓶子可循环再造，厚玻璃的容器给人踏实、沉稳的感觉；没有污染，非常直观，很干净，造型很美，玻璃容器上的颜色能给人们带来强烈的视觉冲击。

EG圆柱形香水瓶包装是现代包装设计的典范，外形简单亮丽，质朴中透着清新、优雅。目前香水用得最多的容器就是玻璃瓶，因为玻璃瓶易成型、廉价，且具有很高的透视度。EG香水瓶呈圆柱形，采用适合人手拿握的形状，上部螺旋开口的瓶盖与瓶身的形状保持高度统一，加厚的玻璃瓶本身就显得很有质感，再加上里面水果色的香水液体，更体现出产品的淡雅、高贵。

比较高端的酒产品一般会选择透明的玻璃制品作为包装，不管是外包装还是内包装都选择玻璃制品，两层透明，给人一种很精致的产品感觉。玻璃的透明性、流动感、色彩感都体现了玻璃的材质美。

C　陶瓷的特点

陶瓷是一种用陶土在专门的窑炉中高温烧制而成的物品。陶瓷是陶器和瓷器的总称。陶瓷的现身给当时的人们带来很大的便利，也满足了当时生活的需要：它是古代艺术的结晶，展现了古代人的技术、智慧、勤劳，陶不仅有特别的审美特性，如简洁、豪放，有很浓厚的民间气味，还能制造出神奇、精致、高贵的包装。

陶分为普陶、精陶、细陶；瓷分为高级釉瓷和普通釉瓷。高级釉瓷釉面质地坚硬、不透明、光洁、晶莹；普通釉瓷质地稍粗糙。陶瓷是一种历史悠久的包装材料，其造型与色彩自由多变，富有装饰性。陶瓷容器具有耐火、耐热、耐酸碱、不变形、坚固等优点，多用于酒、盐、酱菜、调料等传统食品的包装。

D　陶瓷的种类

常见的陶瓷材料有黏土、氧化铝、高岭土等。黏土具有韧性，常温遇水可塑，微干可雕，全干可磨。陶瓷材料一般硬度较高，但可塑性较差。陶瓷器物具有古朴、典雅的特征。

陶瓷按原料和烧制工艺可分为精陶器、粗陶器、瓷器、炻器、特种陶瓷。

精陶器又分为硬质精陶器和普通精陶器。精陶器比粗陶器精细，气孔率和吸水率均小于粗陶器。精陶器常用作坛、罐和瓶。

粗陶器表面较粗糙，不透明，有较大的吸水率和较好的透气性，主要用作缸。

瓷器的质地比陶器致密、均匀，呈白色，表面光滑，吸水率小。极薄的瓷器还具有半透明的特性。瓷器主要用作家用器皿和包装容器。除此之外，瓷器还经常用作装饰品等。

炻器是介于瓷器和陶器之间的一种陶瓷制品，有粗炻器和细炻器两种。炻器主要用作缸、坛等容器。

E　陶在包装结构设计中的应用

陶，自古以来就是中华民族的骄傲。陶凭借其特殊的材质、性能和深厚的文化底蕴，成为一种非常重要的包装材料。土家族画家黄永玉先生设计的酒鬼酒的酒瓶采用紫砂陶瓶，造型似麻布袋，古朴粗犷，较为别致，具有较高的文化品位和艺术价值。

古越龙山龙酝花雕酒系列产品的包装设计体现了尊贵、品位与品牌定位的完美结合，整体色调统一，运用具有中国特色的红色系，在瓶身上也进行了许多巧妙的处理，为龙酝花雕酒增添了神韵。颜色是包装最重要的视觉元素，也是最容易被消费者直接感知的竞争性元素，在选择颜色组合时必须十分注意产品的属性。古越龙山龙酝花雕酒的包装运用的是陶土的自然色，体现了产品的自然、清香。瓶底刻有"古越龙山"，使整个酒瓶转眼间变成了一个大印章。消费者拿起酒瓶，心中会产生一种"古代帝王手持传国玉玺"的感觉；将酒瓶放下，就像是亲自按下大印。印章与酒瓶完美结合，传统元素与现代科技碰撞，演绎了古越龙山龙酝花雕酒的无限尊荣。瓶口以线捆绑，与陶制的酒瓶浑然一体。古越龙山龙酝花雕酒的包装设计完美地体现了产品神秘、高雅、精致的特性。

F　瓷在包装结构设计中的运用

瓷器一般比陶器更坚硬，常见的器型有碗、盏、盘、罐、钵、盆、壶等。瓷具有较高的耐压强度，熔点较高，易于延展和弯曲，并可以长久地保持其物理特性。瓷既可以抛光出非常漂亮、光滑的表面，也可以制作出有肌理效果的表面。陈坛窖酒采用带有传统民族特色的青花瓷，体现了窖藏酒的历史特点以及酒的醇香。

G 创意性包装结构

以玻璃与陶瓷为材料，可以设计出各种类型的包装，如线条类、仿生类、多材料融合类等。

5.4.2 绿色包装材质

5.4.2.1 绿色包装材料性能

（1）保护性。绿色包装材料不仅具有一定的机械强度，以保护内装物不受损害；同时绿色包装材料的高阻隔性可以保证内装物的新鲜度，保持原有的本质。

（2）加工操作性。加工操作性主要指材料易加工的性能，也是材料自身的属性，要适应包装机械的操作就需要包装材料具有一定的刚韧性、可塑性、平滑性以及包、装、封合的方便性。

（3）外观装饰性。材料应易于进一步美化和整饰，在色彩上、造型上、装饰上应方便地操作和使用。具体指材料的印刷适性、光泽度及透明度、抗吸尘性等。

（4）经济性。包装材料应尽可能减少不必要的资源浪费，同时还要有一定的性价比。

（5）材料的优质轻量性。绿色包装材料既轻便又实用，轻量化的优质材料不仅能实现保护、运输、销售等功能，同时又可减少对环境的污染。

（6）易回收处理性。绿色材料的后处理过程方便简单，可通过循环利用节省资源和能源，减少社会环境的压力。

绿色材料最突出的性能是在易回收处理和再生的基础上，还可环境降解回归自然。这就要求绿色材料从原料到加工的过程再到产品使用后，均不产生环境污染，并对人体健康无害；另一个性能是有优良的透气性、阻隔性，使内装物得到很好的保护，不失味、不变质。

5.4.2.2 包装材料绿色化的途径

如何利用包装材料实现产品的绿色化，以下为几种典型的方法：

（1）选用可食性包装材料。以英国开发的胡萝卜纸为例子，在以植物或动物多糖为基料的基础上，适当加入各种添加剂，就可制造出经济实用的可食性包装。

（2）选用再生材料。本着保护环境和节约资源的原则，选用可再生材料，可在减少生产成本的同时提高包装材料的利用率。

现在许多的国际公司为体现其关注环境的绿色宗旨，年报、宣传品的制作大都采用可回收纸，信笺、信纸也采用回收纸，因为纸的主要成分是天然植物纤维，容易降解，同时也可多次循环使用。

（3）选用可再循环的材料便于回收和再利用。可循环利用的材料如啤酒、饮料的玻璃瓶包装，这种高性能的材料也可实现绿色包装，除此之外，保洁公司用来包装家用清洁剂的聚酯瓶，主要成分是聚苯二酸乙烯（PET），也是可以被循环利用的。

（4）选用可降解性包装材料。可降解性，是指在特定时间内，不可回收利用的包装废弃物要能分解腐化，回归自然或生态。

应注重三方面的设计改进：塑料包装的性能及使用时间的长短是首要的；然后是废弃塑料的后处理技术改进；再次就是可降解塑料的开发和使用。其降解和回收的问题一直是绿色包装的研究重点。

（5）尽量使用同一种包装材料。不同材料的多层包装有可能导致包装的分离，所以为了提高包装物的回收利用率，应尽可能用同一种包装材料。

（6）尽可能减少包装材料的使用。减少包装材料的使用不仅可以减少相应的生产成本，同时运输和销售及包装的后处理成本也会减少，但是减少材料使用必须要保证在实现包装的保护、销售这些基本功能的前提下。

（7）避免过度包装。适当减少那些对消费者没有用处的包装。为迎合消费者，有些产品的相关信息需要在外包装上标注。

（8）重用和重新填装的包装。为减少对环境的污染和延长包装的使用寿命，可以考虑重新填装包装，但同时应建立好相应的填装网络系统以及考虑到填装包装的成本。

（9）包装结构的优化设计。为了便于产品的运输，通过优化产品的外包装设计，改变产品包装的外观形状来实现绿色包装。

优化包装结构不仅可以节省资源、节约成本，还可以增加包装的用途，延长包装的使用寿命。AT&T公司的键盘包装设计就实现了双重作用，既是外包装又是防尘罩，大大优化了包装结构。

（10）改进产品结构。随着科学技术的不断进步，绿色包装存在的一系列难题将会迎刃而解，绿色包装的高成本、精加工等一些缺陷会随着对生物化学学科的深入研究逐步解决。作为包装材料，无论是绿色的还是非绿色的，最根本的是材料自身的属性，其次是材料加工技术及设备。商品包装的各种完美的独特性能将会在科技的带领下逐渐完善，绿色包装的产品将会丰富多彩。

5.4.2.3 绿色包装材质创新研究

A 纳米改性环保无卤阻燃聚丙烯

聚丙烯本身属于易燃材料，其氧指数仅为 17.0%~18.0%，并且成炭率低，燃烧时易产生熔滴，所以在很多应用场合都要求对其进行阻燃改性。目前国内外对聚丙烯阻燃主要采用添加阻燃剂。含卤阻燃剂由于发烟量大，释放出的卤化氢气体具有腐蚀性，很多国家已经禁止使用。

纳米改性环保无卤阻燃聚丙烯，能够克服现有技术中阻燃聚丙烯力学性能低的问题，通过添加纳米改性粒子和添加剂，提高聚丙烯的耐冲击和弯曲强度，改善其力学性能。

其优点如下：

（1）纳米改性二氧化硅对聚丙烯基体具有异相成核作用，可提高聚丙烯的拉伸性能和弹性模量，在聚丙烯/纳米二氧化硅复合材料中添加空心玻璃微珠时，硅烷偶联剂可使材料中得到纳米改性二氧化硅和改性空心玻璃微珠，改性空心玻璃微珠在基体中分散均匀，其周围的材料相当于在均匀分散的改性空心玻璃微珠粒子周围嵌入了具有良好界面结合和一定厚度的柔性界面相，使得在材料经受破坏时既能引发银纹，终止裂缝扩展；同时又能在一定形态结构下引发基体的剪切屈服，从而消耗大量的冲击能量；还能较好地传递所承受的外力，达到既增强又增韧的目的。

（2）纳米改性粒子和空心玻璃微珠作为阻燃协效剂，能够隔绝聚丙烯中物质间的传递，二者在阻燃聚丙烯中的协同效应，能够明显提高聚丙烯的阻燃性能，可以更好地降低热释放速率；同时，还具有一定的抑烟作用；而且还能够显著降低聚丙烯聚合物熔体的黏度，改善其加工性能，提高其热稳定性；耐黄变能力优异，耐冲击，弯曲强度好。

（3）采用纳米炭黑作为协同阻燃导电填料。其具有阻燃及导电性，有利于聚丙烯组合物体系形成紧密结实的碳层，表面裂纹少，对热和氧的阻隔效果好，具有一定的消烟作用。因炭黑为纳米级，便于在聚丙烯组合物体系中分散，使制得的聚丙烯抗静电效果良好。

（4）制备工艺简便，所采用材料便宜，综合成本较之于传统的阻燃聚丙烯优势较为明显，所生产的纳米改性环保无卤阻燃抗静电聚丙烯阻燃性能优越。采用多种无卤材料作为阻燃协效剂，使得各项性能得以改善，且采用的阻燃剂及协效剂均为无卤产品，比较环保，对环境污染小；同时，所采用的协同阻燃导电填料和添加剂等价格低廉，代替了无卤阻燃剂的所占比例，降低了体系的整体成本，成本优势明显。

B 纳米改性耐高温原子灰填充材料

原子灰俗称腻子，又称不饱和聚酯树脂腻子，英文名：poly-putty base，是近

20 多年来世界上发展较快的一种嵌填材料，让一度落后的汽车钣修理业实现了跨时代的飞跃。HL-1 原子灰、HL-2 原子灰是由不饱和聚酯树脂（主要原料）以及各种填料、助剂经过精制而成，与硬化剂按一定比例混合；现有原子灰存在不少缺点：污染性强、抗冲击性低、抗打磨能力差、附着力小、易收缩等。

纳米改性耐高温原子灰填充材料具有生产简便、干燥速度快、附着力强、表面干燥、无黏稠感、耐打磨、触变性好、耐候性好、稳定性好、存放时间长等优点。

其优点如下：

（1）纳米改性耐高温原子灰填充材料涉及金属、木材及复合材料等底部的表面处理，可用于汽车制造及其修补、机械制造、木器家具等行业，应用简便，干燥速度快，附着力强。

（2）经过反复试验对比使各项性能优良，使用纳米改性耐高温原子灰填充材料后的产品具有耐打磨、触变性好、耐候性好、稳定性好、存放时间长等优点，且苯乙烯含量低，环境污染小。使用极为方便，综合成本低，具有广阔的市场前景。

（3）采用纳米碳酸钙作为补强填充材料，使得原子灰的各项性能得以改善，提高了其耐冲击弯曲强度，硬度增加，收缩率下降。

C　纳米二氧化钛抗菌 UV 光油

UV 漆是 ultraviolet curing paint 的英文缩写，即紫外光固化油漆，也称光引发涂料、光固化涂料。通过机器设备自动辊涂、淋涂到家具板面上，在紫外光（波长为 320~390nm）的照射下促使引发剂分解，产生自由基，引发树脂反应，瞬间固化成膜。现在 PVC 扣板生产出来后，其表面光泽度不好，且在装修后容易产生污渍，特别是目前 PVC 扣板用在农村较多，微尘等容易吸附影响其外观。

其优点如下：

（1）UV 光油适用于 PVC 扣板表面的涂覆，其制备周期短、制备工序简单，且生产成本低；UV 光油的固含量较高，具有比较好的光泽度、抗黄变性和高附着力，还具有抗菌自洁净以及气味小、干燥速度快等优点。

（2）UV 光油制备过程中加入的是二氧化钛浆料，并且没有经过载银处理，经过分散处理的二氧化钛浆料与该 UV 光油的其他成分混合后，制成的 UV 光油具有较好的抗菌性能。

D　木板制品表面涂覆用 UV 光油

木板加工成型后，其表面质量，如耐候性、耐磨性差及硬度低等仍是影响木板制品长期使用的关键因素之一。尤其是在目前，家庭使用的环保要求及洁净度、光洁度对于木板制品的表面具有某些特殊的功能要求；特别是高档家具对其表面质量要求更高。市场迫切需求外观好、性价比高的木板制品，以及工艺简便、性能可靠的木板表面涂覆技术，以提高木板制品对其他材料的竞争力。

木板制品表面涂覆用 UV 光油，耐候性和耐磨性好，且自洁能力强。其优点如下：

（1）提高了抗侵蚀性，提高了耐候性。

（2）延长了抗菌效果。

（3）该 UV 光油具有自洁功能，提高了其清洁度。

E 玻璃钢表面涂覆用的 UV 光油

在玻璃钢生产出来后，玻璃钢的表面质量如耐候性、耐磨性差及硬度低等仍是影响玻璃钢制品进一步推广应用的因素。尤其是目前在一些特殊应用环境中要求玻璃钢的表面具有某些特殊的功能；外壳、容器、盖类、贴面板等对表面质量要求高；市场迫切需求外观好、性能价格比高的高性能玻璃钢制品及工艺简便、性能可靠的玻璃钢表面防护技术，以提高玻璃钢制品对其他材料的竞争力。

其优点如下：

（1）玻璃钢表面涂覆用的 UV 光油，制备工艺简单，可缩短制造时间，成本低，采用纳米二氧化硅粉末、纳米二氧化铝粉末经无水乙醇球磨分散后与其他组分进行混合制备光油，可避免制备过程中造成的环境污染。

（2）玻璃钢表面涂覆用的 UV 光油可以应用于大面积上光，适用于玻璃钢表面防护领域，具有高附着力、自洁净效果好；使用时，通过辊涂上光流平然后再经过紫外光照射快速固化，适用于玻璃钢表面的涂覆，可有效遮盖玻璃钢表面缺陷；制备的玻璃钢表面涂覆用的 UV 光油，固含量高，具有比较好的光泽度、抗黄变性、高附着力、自洁净、耐磨性好、耐划伤，干燥速度快，可缩短了制造时间，减少生产工序，生产成本低廉。

F 柔性版印刷用的可刮式水性油墨

现有刮刮乐柔版油墨技术存在不少缺点：刮刮银墨存放易增稠、墨性变差、失去印刷适性；遮盖黑色浓度不够、遮盖效果差、露底；要么无法印实，要么印刷后无法剥离；刮刮银的墨层太脆，在桌面上容易划伤，露出密码，完全失去了遮盖保密效果。印品存放超过 5 个月，特别是北方夏季高温季节，或南方梅雨季节，使存放过久的刮刮乐印品不易刮或密码区的遮盖墨层无法刮除，甚至将发票刮烂后仍无法显现获奖或密码信息。

其优点如下：

（1）此油墨可用于票据、充值卡、专用可刮式柔性版印刷的刮刮乐水性油墨体系。该水性油墨体系由可与票证、卡、彩票等人们日常接触的银色、遮盖黑特种水墨、剥离层油和保护水性油四部分组成，用于票据、机打出租车票、彩票、充值卡等柔版印刷，印刷适性优异、联机使用操作简便、印品附着力好、遮盖性优、耐摩擦、抗划伤、可刮性好、密码可清晰再现，能够很好地满足印刷适性要求和印后加工要求，特别表现在刮开优势上：轻松可刮、干净不留痕，无须额外增加任何设备投入（如原先要添加丝网印刷机组并且须降低印刷速度），连线一次完成印刷、编码、覆盖。

（2）此油墨各项性能优良、无毒无味，用指甲刮时，遮盖墨层起圈、易刮，刮得干净彻底，指甲缝中不留残屑，安全环保，使用极为方便，综合成本低，印刷和制卡等效率提高，具有广阔的市场前景。

（3）改变特种水性油墨的生产工艺流程，缩短了制造时间，减少了生产工序，无须完全砂磨，成为一步法生产。避让绿色环保的柔版印刷线直接都使用水墨印刷，避免了墨增稠、结块，使印品印刷前后变化过大、一致性无法保障，废品率偏高等故障，以及成本过高的情况出现。使原有的水性油墨印品体系呈现厚墨层丝网印刷方式的显著特征，使可刮式票据、证卡印刷的高速、绿色化成为可能。印刷时，无须额外增加设备投资，通过调整印刷色序就可达到刮刮乐功能效果，且具有很强的防伪、密码保护功能和特殊效果。

5.5 低碳理论下的包装结构的实践

优秀的结构设计应简约而极具美感。独具特色的包装结构，不仅留有耐人寻味的感觉，而且具备较强的市场竞争力。

绿色包装设计要想达到人与包装设计的和谐关系，即顺利地拿、放商品；在包装的使用过程中随心所欲，就要求设计师结合人机工程学在包装结构设计和功能设计方面下功夫。人机工程学在包装方面的具体应用有包装结构设计、造型设计、功能设计等方面。这些设计更倾向于设计的审美性，并以宜人性为最终目的。

在人机工程学和现代高科技的技术下，绿色包装设计在结构上应该是完美的和经济的，也就是说在使用上是舒适的，在外观上是美的。它应该是人机工程学在包装结构设计上体现出来的通用设计，即无障碍设计。这样的包装结构才是所提倡的绿色包装设计。

作为包装设计者，体验人们的需要，在实际设计活动中接触、总结并探索符合人们心理的审美结构和审美活动的规律；找出绿色包装设计结构的优化途径，塑造客观事物的外在表现形式，进行宜人、节约的包装设计，从包装的造型到系统的总体布置都要尺度宜人、色彩协调、美观大方、节省材料；从包装的比例和尺度中求得一种美的节奏，从包装款式和图案中求得品味，从而在人机环境的谐调关系中充分展示包装的审美功能；做到一个商品的包装结构能适应所有人使用，且使用的方法及指引简单明了，即使是缺少经验、无良好视力及身体机能有缺陷的人士也可受惠而不构成"妨碍"；做到让不同能力的使用者在没有辅助的环境下，仍能顺利开启包装享用商品。

5.5.1 用简化结构做不简单设计

在结构设计当中要重视减量化。当前在包装市场当中主要是两类包装盒使用频率很高，即锁口式以及别插式。别插式包装盒的优点是，消费者在购买前能够通过先行打开对商品进行试看，而且，使用这种包装取用商品也十分方便；相比较于别插式的包装，锁口式包装的特点就是封口开启较为困难，但是却比较牢固。两者之间的共同点就是其所使用的材料相比较于其他的包装盒是最少的。减少包装盒的材料的方法是使用高质量的包装盒纸张，以使得纸张的厚度降低或者使包装盒更符合包装商品的大小，以使用较少的包装材料。

通常，一提起各类珠宝首饰，人们对于其包装的第一印象就是高贵、奢华。好像包装设计师们一定要设计出奢华的包装盒才能够配得上黄金珠宝的高贵。国外一名学生秉持绿色环保的包装设计理念，设计了一种新型环保包装。该包装的材料是纸张，色彩未经染料等装饰，偏向自然；纸盒的封口结构采用别插结构，一方面能够保护商品，另一方面还易于开启。包装运用折叠文字效果，和包装的结构进行很好的配合，同时盒身上还有呈三角形状的镂空图案以及暖灰色的基础色调，与黄金珠宝的气质十分吻合。根据首饰的造型不同，包装盒可以使用不一样的形状，要做到在保证能够很好地保护商品的同时，使得包装盒尽量贴近商品，以减少包装材料使用量。通过这一设计人们发现，就算极简的包装设计也不是简简单单就可以完成的。其中的一项重要工作就是要重视视觉设计，而不是靠包装材料用量来打造奢华。

5.5.2 一次成型不需黏合的结构

在包装盒的设计当中应该尽量避免使用黏合剂。在绿色包装的规则当中十分重要的就是包装所需要的材料宜少不宜多，这样对于包装的回收有益。包装盒使用结构进行封口固定相比较于使用黏合剂进行封口固定在回收程序上有更大的环保优势。原因是，包装盒在成型之后肯定是立体的，但在回收的过程当中必须将其拆解成平面结构。使用黏合剂的包装在拆解时费时费力，而使用结构进行固定的包装盒只要遵循一定的方法就能够轻松将其由立体结构转换为平面结构，绿色环保，可减少很大的工作量。

最近这几年，欧洲及日本的众多设计公司都在进行绿色环保包装的投入，无黏合剂的环保包装盒不断地被设计研发出来，已经逐渐被大家所认可。

5.5.3 二次组装创新酒

酒类商品的包装具有悠久的文化以及历史经验，所以，在酒类商品的市场当中，其包装设计上的争夺战越打越烈，面临前所未有的挑战。

　　诚然，一份吸引人的包装能够对于商品的销售状况产生很好的影响，然而包装内的商品一旦使用完毕，越精美的包装反而越显得一无是处和浪费。从产品以及品牌这一角度来看，一个产品假如过度看重其包装，其本质就是对产品以及自身品牌的不自信。包装在设计时一定要以品牌内涵为依托，体现出品牌的深层次含义，结合品牌的价值定位，通过一系列的创新与设计，最终对品牌产生支持作用。

　　如何设计环保酒包装？如何突破创新？如何将酒文化和时代特色结合在酒包装中？针对这些课题的研究已经取得了不少成果，让人们看到了更多、更优秀的符合环保理念的酒包装设计。

5.5.3.1　高脚杯包装的华丽转身

　　脆弱的酒杯、酒瓶包装是具有挑战性的包装设计课题。通常意义下的酒杯、酒瓶的包装方式不能为产品在运输过程中提供有效的保护。因此，为了在运输过程中降低破损率，尤其是对待中等价位的酒杯、酒瓶，设计师往往会填充大量的缓冲材料。这就在无形中增加了包装的成本，而且也产生了大量的包装垃圾。

5.5.3.2　木盒酒包装的再次使用

　　在当下环境友好、生态和谐的世界中，企业和消费者都在寻找环境友好的办法和方式。大型零售商与供应商也要求推出减少包装内容、符合回收的新型酒包装结构设计方案。这些要求是有利环境的，旨在解决酒包装废弃物的问题。从包装设计的角度解决这些问题，首选方案是小体积、减量化的结构设计。但是如果换个角度，从包装的二次使用方面入手，木盒包装也不失为一个好的设计方法。

　　众所周知，橡木桶储存葡萄酒可以提高酒的优雅品性，因而木材似乎就成了葡萄酒包装的代言，很多设计师在给中高档瓶装葡萄酒设计包装时也基本上采用木材完成包装设计，以显示酒的质朴、田园、自然与乡村文化特色。葡萄酒和木材结合成为一种设计常态。但面对日益恶化的自然环境，对酒包装设计进行成本分析更为重要。包装成本分析在每一个设计开始时就要进行，从尽量减少对生活环境的破坏这一战略高度来构架设计策略，使包装成本达到最低，以绿色包装设计促进经济文化与社会的发展。下面重点研究两款木材质葡萄酒包装的二次使用方案。ICON Design Group 设计集团的这个屡获殊荣的酒包装设计，是他们开发的专利酒架。它所具的有创新意义一定会给你留下深刻的印象。

　　通常包装在完成保护、运送商品后即完成了使命，随之而来的往往是被抛弃。转型、延长包装的生命周期，当包装完成前一项使命后，为另一种产品提供新的使用功能，这需要一个可持续性包装的解决方案。围绕这个想法，两位设计师联手为消费者提供了具有双重作用的新包装结构设计。诚然，首先该包装要思考的还是如何保护酒杯，当确定它不再作为运输工具之后再华丽转换成一个储存葡萄酒瓶的酒架。forWine 酒杯、酒瓶的包装设计之所以能够完成它的华丽转身，得益于它的新结构设计。Joona Louhi 和 Antti Ojala 开发的这个包装结构可以多次重复使用，无须其他材料补充，只需在自身结构上进行组装，运输酒杯和储存葡萄酒瓶都可以成为独立的形态，而且两者之间易于相互转换。作为酒杯包装使用时它可以容纳、保护 6 个酒杯，当转型为储存葡萄酒的酒架时它的强度足以承载三瓶酒。如果需要再次移动酒杯的目的地时，也会很容易地转换回其原始形式。

在包装内，人们在购买包装之后可以很轻松地拆开包装，同时结合包装说明书将其拼接成一个酒架，放置在桌子上或酒柜里。酒架除了装饰功能以外，最主要的是它能够让葡萄酒卧放保存，以便储存更长时间。此外，最让人们震撼的是它的内部模板设计，这些不同的模板可以根据每个消费者的需求不同，使包装内部的盛装物产生许多变化，除了上面提到的这一款，还有一款盛装一瓶酒和两个高脚杯，外加一把螺丝刀的独特设计。精美的木包装拆卸后重新组装成酒架，既避免了包装被遗弃的命运，实现了包装二次使用的目的，降低了包装成本，延长了包装的生命周期；也显示了创新设计的力量。

再来看看另一款木质葡萄酒的包装设计。葡萄酒被称为具有生命的酒，它在出厂之后还会进行熟化，这一过程是十分缓慢的。所以，在葡萄酒的保存当中必须要重视，要将其进行合适的保存，以保证其熟化的过程充分，保证酒的品质。其实，当你需要储存葡萄酒时，并不需要一个昂贵高级的酒窖，只要有一个凉爽、干燥、避光和远离振动的黑暗空间就行了，比如使用一个小酒架。酒架一般有三种类型，横向架、垂直架和倾斜架，其中最好的是横向架。酒架的材料通常是木材或金属。可以挂在天花板上，安装在墙面上或直接放置在地板上。金属架是最结实的，但没有木质的灵活。且木架在视觉上更有吸引力，耐用，并能提供足够的承重要求。基于这些，希腊拉里萨技术教育学院，工业设计系的阿萨纳西教授为 Ktima Gerovassiliou 酒庄设计了一款创新性的葡萄酒礼盒包装，并一举拿下了 2011 年英国伦敦设计周百分百可持续发展大奖和 Dieline 奖第一名。

5.5.4 改变常规——鞋盒包装新结构

鞋子的功能已经不仅仅是以往的行走工具以及保护工具，通过发展，鞋子已经和科技元素进行结合，能够提升运动员的比赛成绩，帮助运动员取得更好的成绩。相比较于运动领域，人们平时生活中穿的鞋子主要是为了时尚以及获得美感。鞋子的价格也是各有千秋，几千块，甚至上万块的鞋子层出不穷。尤其是在女鞋当中，款式多样，根据时间、场合的不同，鞋子也有一定的种类。鞋子已经如此讲究，那么其包装也一定要重视，这就使得鞋盒的种类多样，极尽奢华。然而，只要鞋子一被使用，鞋盒就不需要再发挥功能，只能被弃之不用。这一行为对于环保十分不利。今天，鞋类包装绿色创新设计更多体现的是产品主题、环保材料、重复使用等。

设计师们开始突破鞋盒的方正形状，尝试实践新想法，想要在鞋盒当中融入新的产品设计思路以及环保理念等。甚至有些鞋盒不再是长方形，可能是三角及六角的几何排列或是圆形的。一双创意十足的好鞋，除了具备应有的功能性，还需包括包装以及其他附加物，并提供绿色包装设计的新思路。

包装，更具体地说——鞋盒。它一年制造出数以百万吨废物，有人提出了第二使用，但它们最终还是会被扔出去。如今低碳生活俨然已经成为一种时尚，不少理念和产品都打起了低碳环保牌。

5.5.5　完美结合服装包装新结构

现在的服装购买已经不再是"街上流行红裙子"的时代，取而代之的是人们害怕"撞衫"。由此可见，服装设计的个性化已经是非常现实的问题，随之而来的服装包装设计也应当引起包装设计师的重视。要想把服装卖出去，在服装设计下功夫是必不可少的，而服装的"包装功夫"也是不可省的。

当下，优秀的服装品牌在包装设计中无不在企业文化的注入和结构设计上下功夫，企业和设计师如果在两方面都做好"功课"的话，必然会走向成功，这时，服装的包装设计不仅是给企业带来销售利润那么简单，它更是一种品牌形象的树立。绝大多数消费者在购买服装时都怀着一个猎奇的、崇尚体验式的多元化消费心理。因此，设计师要抓住此消费心理，在结构上做文章，以突破常规的视觉认知为主导，以节约、简约、人性等为手段，推出新设计获取受众的认同，产生购买。

5.5.5.1　"瘦"身到底的牛仔裤包装

Lee 是美国牛仔文化三大经典之一。在发展过程中，Lee 始终能保持一贯实用与时尚兼备的姿态。牛仔裤由实用变成时装，其间的演变过程，Lee 占据重要的地位。120 年来 Lee 从未停止追求产品的创新。"Diamond Cut 钻体剪裁"技术用于女式下装，使女式牛仔裤展现出令人耳目一新的魅力。

Diamond Cut 在布料及剪裁上革新，运用钻石 4C 设计概念，着重于舒适、自信、剪裁及现代四个元素，特别采用 LYCRA 钻体弹力布，经过繁复手工程序的刷洗，呈现立体感的刷色光泽；配合创新交叉编织技术后可以向四方伸展，360°全方位柔软贴合女性身体，真正做到了让牛仔裤"随身而动"，呈现如第二层肌肤般的随身动感。这样，Lee Skinny Jeans 紧身牛仔裤诞生。伴随着 Lee 紧身运动，2011 年 Lee 推出了一个符合夏季最热门话题——瘦身理念的牛仔裤包装盒。不用多说，很多女性看到这个包装就如同穿上了紧身牛仔裤一样，展示出女性优

美的曲线（Lee Skinny Jeans Packaging）。该包装的整体造型就像牛仔裤的一条裤
腿；两个包装放置在一起就像一条牛仔裤；其形象和牛仔裤造型完美结合。即使
你不看品牌，也能一眼识别它是服装的包装盒。

此外，该包装在盒子下部的减法结构也起到了节省材料的环保目的。包装独
特的造型，使人不论在任何地方只要看见这个瘦身盒，便知道它是 Lee 的商品包
装，因此，Lee 的商品包装从一定意义上说也起到了视觉营销的目的。该包装真
正做到了集时尚、新颖、营销、环保于一身的绿色包装设计理念。

5.5.5.2 另类"无印良品"T 恤包装

Molimao 是一个来自萨拉热窝的 T 恤品牌，知道的人很少。它成立于 2010 年，
也被称为 Medjedovic 或 Dream83。Molimao Tshirts 崇尚涂鸦艺术和简洁的设计。
Molimao 来源于街头文化和独立音乐场所，喜欢用所有形式来表现，只要有创造力。
正是这种另类和时尚、环保的理念让人们看见了 Malimao T 恤的独创设计。

包装盒的形态很像比萨包装盒，但纸板原有的白色和无印刷的镂空结构又会
毫无疑问地让消费者否定了自己的猜想。而正是这种本色，无印刷的另类"无印
良品"吸引住了消费者的视线。该包装中所有标志和品牌名称均使用包装结构中
的镂空技术，无油墨印制。这也是凹凸印刷不用油墨的特殊印刷工艺的另一种表
现。此外，包装选用的是 100%可回收纸板材料，纸材加上无印设计成为绿色理
念下的完美杰作。

5.5.6　随型而作完成无结构包装

商品的包装当中，最重要的是其结构上的设计。自商品有包装开始以来，就
一直有根据商品的外在形状设计商品包装的习惯。包装结构设计是艺术设计以及
包装工程专业当中的一门重要的专业基础课程。这些都传达出了一项信息，那就
是结构与包装相伴相生。假如现在提出在包装的设计当中要抛弃结构，那么一定
会遭到许多人的反对。"一切皆有可能"应该是当下绿色包装设计理念得以实现
的最有力的证言。灵感是创造的起源，更是创造的道路与终点。下面就来看看绿
色包装设计理念下的随型而作完成无结构包装设计的作品。它们是包装设计的创
新，更是绿色包装设计的探索。

5.5.6.1 巧妙折叠能包裹任何形状

2010 年 5 月美国亚利桑那州 Boxsmart 公司的设计师 Patrick Sung 利用可回收
瓦楞纸板，设计出 UPACKS（通用包装系统）。Patrick Sung "盒子里"的包装概
念是：首先他们收购旧瓦楞纸包装箱，进行简单的裁切，留下平整的部分；然后
在上面设计出能够让它弯曲的奇数形式的三角射孔，这样就能使它四周形成奇特

形状。该模式很容易折叠并能在无包装结构的情况下包裹任何形状的物品，同时也能保持结构刚度和完成对内容的保护，节省包装填充材料、空间占有量、燃料和运输的成本。

此外，Boxsmart 公司的此项结合邮政服务的解决方案甚至可以使包装更灵活、更快速和愉快，因为它不仅易于使用和完成后期的服务保证，更是使包裹的发送和接收几乎成了一种艺术形式。

将无结构的包装设计很好地运用到邮寄包装当中，通过纸板的折叠可以打造各种形状，一方面能够用于邮寄保护，另一方面还有一定的惊喜作用。这一包装方式适用于很多的商品，比如鞋子或者坚硬的商品等，而且使用射孔线还可以进行各类造型的设计。这就是使用绿色环保包装能够保护环境的原因所在。

5.5.6.2 就地取材包裹所有的祝福

创造力，是一笔宝贵的财富。创意和有趣的礼物是无价的。TrickPony 设计和开发公司在 2010 年创作了一个独特的圣诞礼物——无结构酒包装设计，这是一个利用 6 页废旧报纸包裹的酒包装。

包装的设计灵感受纳尔逊·约翰逊所写的非小说类文学作品《大西洋帝国：一座城池的兴与衰》改编的由 HB0 电视网推出的年度大作《海滨帝国》的启发。故事讲述的是在 20 世纪 20 年代的大西洋城，联邦政府颁布禁酒令（1920~1933年）后，公开售卖酒类商品成为一种违法行为。巧合的是，该机构位于美国南部新泽西州的哈蒙顿镇，正是这本书作者纳尔逊·约翰逊书中所写的城市。于是设计师们把 1920 年发生在哈蒙顿镇的标志性的事件整理出来，印制成 6 页报纸，然后购买了 4200 美元酒，创作了一款值得人们纪念的创意酒包装设计，邮寄给所有的客户，以配合节日促销酒类产品，并且把这个节日礼物亲切地称为"Alcoholidays"。报纸是正方形的，所有的设计和内容的编写都是由这些创意人完成的，特别有趣的是报纸上面展示了客户的产品广告，看起来像是禁酒令发布的那一天刊登的。吊牌上粘贴的假胡子让你看到以后一定会发笑。整个酒包装设计遵循了绿色环保可持续发展的理念，同时包装用的报纸提示人们它是珍藏版的报纸，这个无结构，用 6 张旧报纸包裹的酒包装设计作品，对于酒的保存和饮用者来说，是一个不错的节日礼物。

5.5.7 展开结构内壁印制说明书

商品使用说明是包装中经常可以见到的一个附件，特别是一些电子产品和高科技产品，如果没有相应的指导说明，很可能会使消费者束手无策，以至于毁坏商品也没有搞清楚怎么使用，这时就会有人感慨于说明书的重要了。而化妆品和药品的说明书在包装设计上详细列出使用方法、用量、注意事项等资料性文字更是不可以缺少的。

当前所有商品都会在包装当中放一页使用说明，虽然给消费者行了一定的便利；但从能源资源以及环境的角度来说，这一方式浪费了纸张以及墨水，还会造成一定的环境污染。但是不使用说明书却并不现实，不能期盼所有的消费者都是科学家。包装设计师的智慧在这时就显现出来。

5.5.7.1 希腊优盘包装

西部数据（Western Digital）简称西数。其 U 盘包装设计整体采用纸材，分上下两部分，天地结构。天盒是完全没有插接、黏合的结构，依靠一条印有品牌名称的不干胶纸条成盒。拿掉天盒后，地盒也可以自行成盒，没有插接口，撕下不干胶条上其中一个标志，作为黏合点使地盒对商品依然有保护作用，同时当该不干胶条不能起到黏合作用后，可以取用一个新的黏合。地盒内部又分为两部分，也就是装有两个 U 盘，包装上面印制着一个用于工作，一个是玩的，改变了高科技产品冷峻、理性的一面，拉进了和消费者之间的距离。该包装最大的特点是天盒因没有别插、黏合可以完全展开，消费者看到的是商品介绍和使用说明。

这种利用包装结构在内壁印刷说明代替在包装内另附说明书的方式，避免浪费的做法是环保和绿色的设计，也是该包装最大的亮点，是包装设计师可以借鉴、学习的设计形式。

5.5.7.2 PangeaOrganics 化妆品包装

美国坚持可持续发展化妆品作为一种时尚消费品，新颖与高雅、独特与前卫、时尚与奢华这些美丽的文字一般都是用来为化妆品代言的。无论是那魂牵梦绕的香馨，还是那清新妩媚的情调，都吸引着古往今来的爱美人士，令人为之神往、动情于中。而作为化妆品包装的设计，更是它独特魅力的最直观体现；自其产生以来，就自然而然地被赋予了一种浪漫的气质，体现出不同于其他包装设计的独特个性与情调。

目前，化妆品包装也注入了环保的理念，设计师们一方面考虑宣传以及保护的功效，另一方面是其包装材料的环保属性。使这种出售"时尚"与"文化"的包装，在产品的包装盒也可以堂堂正正地标明"本包装采用再生纸制造"。在这一点上来自美国科罗拉多州的品牌 PangeaOrganics 潘丽雅可谓做得最为彻底。这一品牌重视生态上的平衡理念，使用废纸进行循环使用制作包装盒，同时在包装盒内印刷产品的使用说明书，这样书就不需要再添加一张纸作为使用说明了。此外，潘丽雅一款获奖无数的注塑技术制造的环保纤维包装，不单盒子可完全生物分解，在盒子内部还有植物的种子，将盒子放置在泥土当中，进行浇灌，就够生长出植物，带给自然一抹绿色。该公司的环保理念就是使用环保以及生态的做法来进行透明理念的传递，带给世人健康环保以及可持续发展的新观念。

5.5.8 低碳理论下的包装结构的创新实践

5.5.8.1 平板状产品用瓦楞纸内衬结构创新实践

目前的平板状产品比较常见，诸如平板等消费电子、电气开关、医疗器械等，但是这类产品包装一般都是先将产品放置于泡沫缓冲部件中，然后再整体封装于瓦楞纸箱内，以保护其流通过程中免受冲击、振动等机械载荷破坏，现有的泡沫缓冲部件大多采用单一的聚苯乙烯泡沫塑料，或聚乙烯泡沫塑料，或聚氨酯泡沫塑料等缓冲材料制作而成，存在着如下弊端：第一，泡沫塑料生产模具费贵，对于不同形状、不同大小的产品均需要对应的制作模具，模具费贵；第二，泡沫塑料材料难以自然降解，且难以回收，易污染环境；第三，泡沫缓冲部件在未包装前不能折叠，因此占用的仓储空间和运输空间大，仓储成本和运输成本高，尤其不利于长途运输。

平板状产品用瓦楞纸护角，制备方便、无污染、易回收、仓储物流方便且包装成本低。如图 5-9~图 5-11 所示。

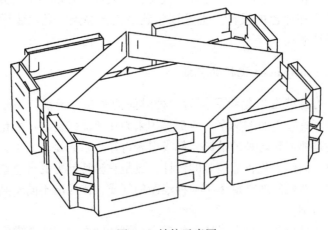

图 5-9　结构示意图

其优点如下：

（1）采用四个护角组合的形式对平板产品进行保护，每个护角具有多层空腔，同时侧边的支撑部分除具有支撑及缓冲的作用外，还节省材料。

（2）两个支撑充分的空腔向外侧设置，与瓦楞纸中部围成中部空腔，3个空腔呈"品"字对平板产品进行保护。

（3）将护角隔为三层，中层用于放置平板产品，平板产品上下层的缓冲腔可对平板产品进行更好的保护。

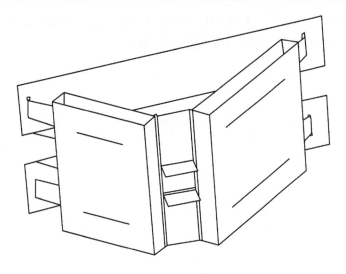

图 5-10 瓦楞纸护角的结构示意图

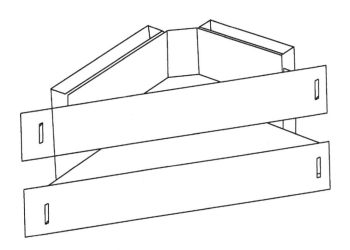

图 5-11 瓦楞纸护角的另一角度的结构示意图

5.5.8.2 高脚杯的悬空转台型瓦楞纸缓冲内衬结构创新实践

目前，随着人们生活质量的提升，玻璃杯成为普通家庭基本具备的一种杯子，如红酒杯、白酒杯等。采用可回收的瓦楞纸板作为材料，制作高脚杯的外包装盒，可以避免高脚杯受到外部的冲击而破损，达到既可以做保护性的缓冲包装，又可以做销售性的展示包装，为高脚杯多只销售设计整套的缓冲包装的目的。

选用瓦楞纸板，绿色环保，同时可充分利用瓦楞纸板价格便宜，易于回收且易翻折的特点，该瓦楞纸护角实现了对平板产品的包装，解决了传统的平板产品包装成本高、模具制作费贵、易污染环境等问题，而且全部采用瓦楞纸板折叠组合而成，因此在包装前，瓦楞纸板可以充分堆叠在一起，占用仓储空间和运输空间较小，节约物流成本。如图 5-12~图 5-15 所示。

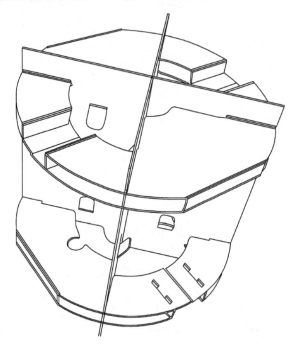

图 5-12　结构示意图

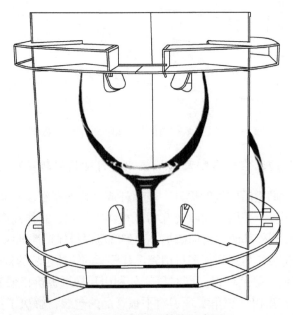

图 5-13　装杯后的结构示意图

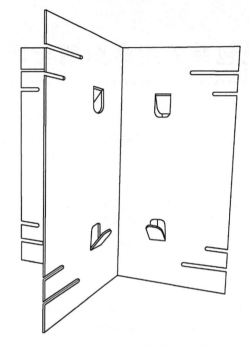

图 5-14 固定架的结构示意图

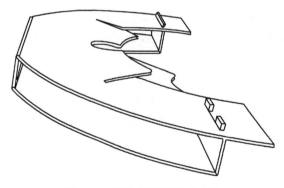

图 5-15 固定框的结构示意图

6 绿色包装的生命周期与评价标准

▶▶

随着人们的环境保护意识加强，全球性生态环境压力日趋增大，一场新的生态产业革命已全球兴起，并掀起了保护环境、促进可持续发展的绿色浪潮。绿色包装设计将成为 21 世纪的前沿领域，推动人类走可持续发展的生产模式和消费方式。在全球市场绿色需求的导向下，开发绿色产品，实施绿色管理，已经成为未来设计的发展趋势，绿色包装作为产品最直接的表现形式，成为绿色设计中的关键环节；同时，绿色包装的生命周期评价也孕育而生。

6.1 包装的生命周期与评价方法

伴随着人类生活水平的提高以及工业化程度的加深，越来越多的污染源和污染物被投放到了自然环境当中，并且远远超出了环境的自我消解能力；同时也使自然资源的消耗超出其恢复能力，全球生态环境的平衡被严重破坏，威胁到人类健康和生存环境，这一问题已经引起了广泛的关注和思考。人们希望寻找到一种方法，能够翔实、准确、透彻地了解人类的各种行为，到底对自然环境会产生什么样的影响，对自然资源会产生什么程度的消耗，以促进整个社会系统的可持续发展。

生命周期评价（life cycle assessment，LCA），有时也称为"生命周期分析""生命周期方法""摇篮到坟墓""生态衡算"等，是国际上普遍认同的可达到上述目的的方法，是一个环境管理的有力工具。生命周期评价以产品为对象，对产品在原材料采掘、原材料生产、产品制造、产品使用及产品使用后处理等整个生命周期过程的环境影响进行评价。生命周期评价的特点是重视产品生命周期全局而不是某一局部，用这种方法评价产品的环境影响和环境性能最全面、最科学、最彻底，因而也是评价包装产品环境性能、开发绿色包装产品的最佳方法和工具。生命周期评价已成为 IPP 发展中很重要的部分，在包装链中必须确认这个重要的开发工具没有被误用于支持不合适的废弃物处理政策。实际上，集成产品政策的出台是一个很好的促进 LCA 作为环境改善工具的机会。

生命周期评价的发展也和其他思想及研究一样，经历了初期萌芽、学术交流探讨、广泛受到关注，以及迅速得到发展四个阶段。它开始于 20 世纪六七十年代的美国，是从美国相关领域掀起的一场关于产品包装方面的分析和评论活动开始的，其开始的标志是 1969 年美国中西部研究所（MRI）开展的针对可口可乐公司的饮料容器从原材料采掘到废弃物最终处理的全过程进行的跟踪与定量分析。进入 20 世纪 70 年代中后期，LCA 的研究得到了政府方面越来越多的支持和参与，而且研究的重点也有所改变，即从过去对单一产品进行评价和分析，变成了后来从宏观角度制定环境以及能源保护的目标这种更大的范畴和格局上。20世纪 80 年代初，由于 LCA 一直未取得可靠的研究数据和有效的成果，导致外界对 LCA 的关注度开始降低，LCA 的研究开始处于半停滞状态。1984 年，这种状态被打破，因为瑞士的环境部指定国内的专业研究室对包装材料开展了新一轮的研究，这次的研究中，关于健康的标准首次被纳入系统中来，这成为后来生命周期评价的基础和一个重要节点。进入 20 世纪 90 年代以后，伴随着全球对环境问题的愈发重视，环境保护的意识进一步增强，世界上大多数国家开始将可持续发展的目标纳入经济社会发展的大局中来，使得对 LCA 的研究和关注又掀起了一轮新的热潮。很多国家的相关机构重新投入到了对 LCA 的研究中来，社会以及公众对研究结果也开始更加关注。这一时期中，"生命周期评价开发促进会"（欧洲）和"环境毒理学和化学学会"（美国）发挥了很大的作用，使得生命周期评价的方法在世界范围内得到了广泛的应用。1993 年生命周期评价被国际标准化组织正式纳入这个体系中，并拥有了 ISO 14000 国际化标准。

　　LCA 实际上是一种对环境实施管理的工具，它与通常意义上的行政手段以及法律手段有着明显的不同：

　　（1）LCA 是一种前置型的管理方法，即它不是让企业仅仅被动地接受监督和整改，而是鼓励和帮助企业将工作做在前面，在企业的各项决策中，先行把环境的因素考虑在内。所以，LCA 方法实际上并不是一种真正意义上的行政性或者法律性的强制管理手段。现阶段世界各国及各领域对环境保护意识的不断增强，并且 LCA 方法在环境影响评估中具有不可替代的作用，因此对 LCA 方法的研究越来越受到各方的关注。

　　（2）LCA 面向的是产品系统。是指与产品生产、使用和用后处理相关的全过程，包括原材料采掘、原材料生产、产品制造、产品使用和产品用后处理。从产品系统的角度看，以往的环境管理焦点常常局限于原材料生产、产品制造和废弃物处理三个环节，而忽视了原材料采掘和产品使用阶段。一些综合性的环境影响评价结果表明，重大的环境压力往往与产品的使用阶段有密切关系。在全球追求可持续发展的背景下，提供对环境友好的产品成为社会对产业界的必然要求，迫使产业界在其产品开发、设计阶段就开始考虑环境问题，将生态环境问题与整个产品系统联系起来，寻求最优的解决方法。

　　（3）LCA 是对产品或服务"从摇篮到坟墓全过程"的管理，可以从每个环节中找到环境影响的来源和解决办法，从而进行综合考虑。

　　（4）LCA 是一种系统的、定量化的评价方法。生命周期评价以系统的思维方式去研究产品或行为在整个生命周期每个环节的所有资源消耗、废弃物产生及其对环境的影响，定量地评价这些能源和物质的使用以及所释放的废弃物对环境的影响，辨识和评价改善环境影响的措施。

（5）LCA 是一种充分重视环境影响的评价方法，从独立的、分散的清单数据中找出有明确针对性的和环境的关系。

（6）LCA 是一种开放式的评价体系。

6.2　两个有关环境的政策分析

以安全卫生、环境保护、节约资源这三把尺子作为标准，应用"生命周期分析"的方法进行分析，是对绿色包装客观而科学的评估方法。

6.2.1　集成产品政策

人们越来越清楚地认识到了产品和消费者之间的关系的重要性，各国废弃物管理政策的制定者正在尽可能快地寻求一些新的环境政策，这些环境政策被命名为集成产品政策（intergrated product policy，IPP）。

生产过程的管理在很长时间内都是环境政策的焦点，这些政策一直在寻找控制包括包装废弃物在内的产品生命周期中的制造阶段产生的环境问题的方法。

环境立法主要建议减少或者消除污染对环境的影响，污染源主要集中在工业生产过程中，物质方面主要与化学物质和有毒物质有关，介质方面主要集中在空气污染、水污染、地面废弃物污染三个方面。

用来解决传统的环境问题的政策，主要是通过命令、控制规则来实现。同时这些政策在控制更多的传统的污染源上取得了相当大的成功。最近，产品的生产周期中的生命终结部分已被规范化，这是一个与包装废弃物回收有关的特别案例。然而，最大的环境污染常常发生在产品生产周期中的配送和使用阶段或服务环节中，因此认为影响环境的重要渠道不再是烟尘、废弃的塑料管，而是在使用阶段。当产品被制造后，在离开工厂的那一刻就开始了它们在经济领域中的流通。尽管在实践中各个国家以及产品之间都存在不同，但大部分产品中的物质都是以某种方式在环境中的某个地方终结。

IPP 并不是一个全新的环境政策。实际上，该产品政策是荷兰 1993 年国家环境政策规划的一部分，从那时起，这些政策已经逐渐转变成一种自我调节和管理的方式。

事实上，大部分的集成产品政策已经包括在传统的环境政策的各个部分中，它只不过是以一种不连贯的方式出现的。在集成污染预防和控制政策中，IPP 是一个重要的集成概念。然而 IPP 的产品部分的集成形式是一个比较新的概念，这是因为 IPP 的定义还没有得到广泛的认可，但这并不能说没有为了给它一个定义而付出努力。关于集成产品政策的定义为：公众政策的目标是改进产品系统中的环境性能。

关于集成产品政策的特征可以归纳为以下几点：（1）通过减少产品的负面环境影响来支持可持续发展，该影响贯穿产品"从摇篮到坟墓"的整个生命周期。（2）产品的生命周期持续时间长且相当复杂，包括产品所处的所有阶段：从自然资源的提取，到产品的设计、生产、装配、销售、分配、出售以及使用，直到最终成为废弃物。以洗衣机为例，它的环境影响主要来自制造它所用的材料，如钢和塑料，以及使用过程中的电能、水和洗涤剂，直到洗衣机最终报废，结束其整个生命周期。可通过关注产品生命周期的各个阶段并在最容易取得效果阶段采取措施。（3）鼓励在产品供应链中分发环保信息，同时要求产品生产者对其产品负责到其产品寿命结束。

IPP 的全球目标是提高资源的利用率、减少最终的产品消费和服务对环境的影响，它表明了一个以集成产品定向的环境政策的透明框架的必要性。IPP 应用有 5 个组成模块：（1）废弃物管理。以减少和管理废弃物为目的的措施。（2）绿色产品创新。以创造更多的环境友好的产品为目的的方法。（3）创建市场。创造更加环境友好的产品市场的措施。（4）传递环境信息。产品链中上下游信息传递的方法。（5）分配责任。管理产品系统的环境负担的分配责任方法。

IPP 的概念之所以有别于环境问题的传统方法，是因为它覆盖了所有的产品系统对环境的影响，它的主导是生命周期的观点，包括原材料的提取、材料加工和制造、配送、使用和处理。在这种背景下，避免生产过程中不同媒介之间的环境问题的转移是非常必要的，同样，在产品生命周期中的不同阶段之间避免环境问题的转移也是必需的。

因此，一些人认为 IPP 必须集成所有存在的与产品的环境影响有关的环境政策，同时还认为应包括废弃物管理和产品中的化学物品的管理，以及所有的影响产品系统的功能和发展的其他政策。事实上，IPP 已成为一个包含所有方面的保护伞，人们认为 IPP 还应该包含处理产品和服务的不同政策领域的各个环节以及诸如健康安全和消费者保护环节。

毫无疑问，IPP 将影响包装链中的所有责任成员。在包装链中有一个长期的争论，即包装本身不是产品，而是产品的一个不可缺少的集成部分。在这个方面，IPP 的概念已经很好地融入了包装链，由于它关注产品取替包装，能够重新定位那些过去嘲弄包装的思想，因此，包装链上的企业有期盼着实施集成产品政策。

由于被强迫接受包装的特殊立法，对于包装链，人们认为过分关注复合材料或诸如饮料的特殊产品是很不恰当的，同时也是没有环境效率的。同样持续给予包装和包装废弃物管理更多的关注已经超过了已产生的环境利益的增长。许多国家用于处理包装废弃物的成本都隐藏在产品中，由消费者埋单，这些人更多的是在经济上不负责任和不可持续的。

本节广泛讨论包装废弃物，因为在这个领域有时候要处理复杂的法律问题，包装链中的所有企业都被给予了特别的关注，而且一般认为聚焦于具体产品的立法是合适的。在欧洲工业界制定了包装废弃物管理法规和激励措施来完成他们的法律责任，这意味着对使用过的包装废弃物给予了不恰当的关注。

6.2.2　生产者责任

6.2.2.1　扩大生产者责任

扩大生产者责任的原则从 20 世纪 90 年代开始在欧洲兴起，在资源管理和废弃物处理上取得了很好的效果。扩大生产者责任，是以降低产品的总体环境影响这一环境目标，将传统的生产者责任扩展到产品整个生命周期，特别对产品的寿命终结后产品的回收、循环利用和最终处理承担责任。

扩大生产者责任这一追责方式其实与对环境污染制造者进行追责的原则是一致的。这一追责方式的最终目的是将废弃物的处理成本转移到生产企业内部中去，从而改变目前这种废弃物处理成本大多由整个社会共同承担的局面。从根本上减少废弃物的产生数量，也督促企业更多地生产对环境不产生或少产生影响的产品，从而达到整个社会都减少对环境的破坏和污染的这样一个大的目标。对环境保护的责任更多地落实到生产环节之后，处理生产废弃物的成本就会增加，自然会影响到产品的价格，而产品最终的受益者是消费者，所以消费者自然也有承担这部分成本的责任。既然环境保护的责任要由生产者来承担，那么生产者最初在对自己的产品进行设计的时候就要有这方面的考虑，要通过设计尽可能减少废弃物的产生量，减少对自然环境的破坏，这样才能从根本上降低生产成本，保证自身的产品在市场上保有竞争力。因为只有通过对产品的设计上的改良，才能真正提高对资源的利用率，实现节约成本的目的。这种扩大生产者责任的管理方式，是从产品整个生命周期的角度出发制定的，因此这种管理方式相对于其他环境保护政策，具有明显的效果上的优势。

德国曾经在 1990 年遭遇了一场环境危机，当时国内几乎没有可用的垃圾填埋场，大量的物品包装占到了垃圾总量的 30%，这种包装的体积甚至占到了垃圾总体积的 50% 以上。面对这种情况，德国政府不得不颁布了《德国包装材料条例》，该条例严格规定：处理包装废弃物的责任者就是包装的生产者，包装的生产者有两种选择，一种是自己对包装废弃物进行回收，另一种是加入一个管理组织，这个组织专职负责处理包装废弃物，包装生产商向这个组织支付一定的费用，然后这个组织向生产商颁发一个专用的标志，贴有这种专用标志的包装，回收时可以通过一个专用的渠道来进行处理。随后一些欧洲国家也采用了这种管理办法，像法国、荷兰以及奥地利等。比如荷兰就曾经在 1995 年颁布了相关的法令，规定无论是生产商还是进口商，都需要自行承担对所售电池的回收责任。上述都是某些国家推广扩大生产者责任思想的有效手段。

6.2.2.2　分享生产者责任

一般来说，分享生产者责任是商品的生产者、服务者以及整个生命周期中所涉及的厂商都要承担的责任。也就是说，供应链中所有参与者都要承担包装环节对环境的影响，以及产品在生命周期的每个阶段所产生的责任。下面用一个包装制造厂来举例说明，它必须保证从原材料的提炼和加工开始的所有包装的生产是以一种合理的、高资源效率的方法运作。包装设计应考虑产品的整个生命周期，适当地保护产品，节约资源，以便包装在任何一个现代化的废弃物处理系统中都能安全处理；同时还要尽量避免或减少因包装生产、搬运、储存和运输以及填充等过程对环境的影响。产品生产对环境产生的直接影响所生成的成本，包括在生产者的责任中。在市场经济中，这些都反映在产品和服务的价格中。

包装链中的每个参与者因他们的生产和服务活动承担了类似的责任，这些责任的总和以及由此产生的附加责任就是在包装链中每一个参与者应该承担的分享生产者责任。这些责任的累计费用包含在产品的价格中，一旦它进入市场，就由产品的最终消费者承担。

但是，回收、再利用以及最终处理相关的费用该由谁来承担呢？当包装链中商家或生产者作为这些责任的唯一承担者时，这使得传统意义上的分享生产者责任的限制开始衰减。分享生产者责任只是期望产品生产商而非消费者、地方政府或废弃物回收或处理机构为包装回收、再利用以及最终的处理支付费用。

在英国，生产者责任在许多市场中得以实施，与包装相关的立法已经建立并开始实施。通过这种政府制定法规的方式，能够成功地解决包装和包装废弃物直接产生的各种责任问题，也就是要求这种责任明确到包装链中各个相关的部门共同来承担整个的分享生产者责任。在这种情况下，法令的目标并不是以任何合理的数据为基础的，因为在当时没有一个方案是可行的。英国关于包装和包装废弃物的分享生产者责任立法是英国包装方面的主要法规，与其他国家的法规一样，初衷是为了帮助各成员国执行包装和包装废弃物指令的扩大生产者责任。

分享生产者责任的目标之一就是给予所有的责任方相同的权利和义务。也就是说，根据可预见的责任来公平地分配责任。

分享生产者责任被认为比法定一个部门来承担整个包装链和包装生命周期的

下游的责任更公平。而且分享生产者责任比单独承担责任更有效，因为这种方法使得所有的参与者都了解他们的商业活动对环境的影响。对每个部门的直接法律责任可以增强公司的变革动力，只需付出遵守法律的成本，其效果是很明显的。分担责任的办法越复杂，管理和执行费用也会越高。

就包装生产而言，包装产品的消费和回收，循环利用和处理废弃包装的费用，由所有获利者来分担这种责任的方法更好、更公平。澳大利亚、荷兰包装盟约和新西兰条约都是使用这种方法的典型。

6.2.2.3　所有受益者的分享责任

生产者责任和产品责任的概念很早就讨论过，看起来好像是类似的方法，初看只是在分担责任的范围上存在不同，然而从表达的形式来看，两者有着很大的区别。

传统的分享生产者责任仅仅是对那些在产品制造和流通过程中获利的产品生产者和服务者而言的。例如，包装链上的产品生产者和服务者。而扩大生产者责任则认为生产者在减少他们的产品对环境的影响中起着关键的作用。他们不能总是这样单独来承担这个责任，所以扩大生产者责任可以理解为是由产品链中包括消费者、销售商和政府在内的所有参与者造成的。也就是说，与产品相关的所有的利益方来分担责任。例如，包装链中的大众消费者、地方政府，以及回收、再利用和废弃物处理的厂家。

A　所有权和责任

在包装从生产到销售、使用、再利用和最终处理的整个生命周期内，随着使用者的不同，包装或其残留物的拥有者也在发生改变。分清了所有权就可以清楚地定义权益和责任了。

普遍认为商品通过供应商卖给消费者后将会被使用，最终任何废弃物都会被处理。然而在经济循环周期中，产品的消费阶段及消费后的阶段，产品从一个所有者转到另一个所用者手中，产生的直接经济事务还是存在一些障碍。

公众仍然期望地方政府能够利用政府税收或收费来处理居民的生活垃圾，然而这种税收或收费却不是当地居民和废弃物处理机构之间产生的直接经济关系。这就使得直接经济事务中出现了明显的断层，分析这个断层具有重大的意义，它引发了回收行为，以及对使用过的包装的扩大生产者责任政策的出台。实际上这种断层在直接经济事务中并不真正存在，是因为地方政府收取的家庭生活垃圾处理的税费总是隐含在一个更大的居民税项目下。而这种非直接的收费处理生活垃圾形式并不普遍，在很多区域特别是在北美地区，都是根据居民所丢弃的垃圾来直接收取费用的。

废弃物管理机构代表地方政府收费并处理垃圾。这些机构不仅负责回收和利用，而且也要负责最终垃圾的处理。在这个过程中发生了直接经济事务，垃圾的所有权也发生了改变，同样任何回收再利用、再回收的产品和服务也将重新出售。

产品所有权的概念是随着经济周期不断发展的，它是所有受益方合理分担责任的理论基础。正如在前面所看到的，产品系统的区别是制定扩大生产者责任政策的一个很重要的影响因素，在制定其他类型的分享责任政策时也存在同样的问题。

所有受益方分担的责任包括每件产品的拥有者，可能是许多厂商、消费者、地方政府和其他废弃物处理机构中的任何一个。如此的分担责任要求在产品生命周期的各个阶段的拥有者负责承担控制在产品制造、运输、使用、回收利用和最终处理过程中产生的气态、固态、液态的排放物的责任，采用这种方法的结果是产生的环境污染，如气态、固态和液态的废弃物的所有责任都由各阶段的拥有者承担。这真正体现了污染者负担原则，而不是如扩大生产者责任要求的那样，要生产者提前为后面的所有权者造成的污染付费。

B 普遍的责任

很明显，包装链承担着全部的环境影响的直接责任，包括在生产和销售中产生的废弃物。而且包装链也承担着消费所产生的废弃物的处理责任。任何产品责任或生产者责任都必须清晰地了解在产品的整个生命周期的范围内所有的环境政策目标，而不是限制在某一特殊的方面。由于产品政策的环境目标范围很宽，能够被使用来获得这一目标的政策选项也很多，需要仔细考虑以获得最大的环境效益以及针对具体目标的各种政策选项的成本效益；需要综合考虑经济成本和可能产生的管理成本以及影响产品开发的生产成本、能源消耗和生产效率、耐久性和安全问题、创新和顾客的满意度等。最终消费者通过购买产品时支付的税收和费用来为这些政策埋单。因此对任何产品，特别是对那些不能明确产生环境效益的产品更应该努力避免低效率和高成本的计划。但是什么样的机制或手段能保证产品生命周期中所有参与者公平地分担责任，以及保证这种设计和生产能够最大限度地降低整个生命周期中产品对环境的影响呢？

所有受益方分享责任的方法于1996年开始在新西兰推行，然后在澳大利亚开始实施。荷兰《包装盟约》是1991年在经过充分讨论后达成一致协议的基础上产生的，并于1997年进行了修订，增加了欧盟《包装和包装废弃物指令》的要求，称为盟约Ⅱ。欧洲的包装和包装废弃物的分担责任系统与扩大生产者责任系统的区别是很明显的。为了响应德国的《包装法令》，早先的德国DSD（Duales System Deutschland）推行的回收方案或扩大生产者责任系统将包装和包装废弃物的所有责任归于生产者。然而在荷兰，产品生命周期中的每一个组成部分都要承担自己的责任，并且要分享产品生产、配送、使用、回收、回收再生和处理的责任。这两个系统运行了五年之后的结果表明，在荷兰和德国，包装的回收再生占整个废弃物的总量大致相等，但德国每吨回收的费用却比荷兰高出 5 倍。结果证明，在荷兰采用的所有受益方分担责任的方法能提高包装废弃物回收利用的经济效益，在保护环境方面的作用与扩大生产者责任系统方法相当。

　　C　自愿的行动

　　荷兰包装盟约是一个由包装产业链中的企业通过签署所有受益者分担责任协议，进行自愿协商的组织。盟约要求企业有很强的自律性，如果企业不能按时实现承诺目标，政府就有权利强制性征收押金、环境税。因此有人说，这个盟约只是名义上是自愿的，实际上惩罚是强制性的，并且对违规的罚金是由政府规定的。然而到目前为止，至少在欧洲没有其他的组织能将《包装和包装废弃物指令》的要求转换成本国法规时给企业很大的自主权。事实上，欧盟所有成员国都规定了不同的生产者责任，一些国家采用分担生产者责任的方法，而更多的国家则是采用扩大生产者责任的方法。

　　在德国、英国和新西兰采用不同方法来执行欧盟的《包装和包装废弃物指令》，它们的特点如下：（1）德国是通过强制性命令和控制舆论导向改变文化的方法来推广扩大生产者责任；（2）英国是通过更加灵活的命令和控制舆论导向改变文化的方法来推行分担生产者责任；（3）荷兰是在自愿和协商的基础上推广分担生产者责任。

　　这些国家必须达到欧盟《包装和包装废弃物指令》所规定的目标和义务，并将该指令转化为本国的法律，但每个国家可以有不同的实施方式。美国的环境保护机构曾公开说，它还没有采用命令式方法来推广生产者责任的计划，而这种方法在欧洲很流行，并且进一步说明了原因和想法，美国将会推行一致性认同的法规。该机构认为自愿承担分担责任才会有效。最好的方法是构建一个进程，产品链中主要的参与者自愿合作来设计一个对所有人都有效的解决方案：这些参与者是指供应商、制造商、配送者、零售商、消费者、回收者和废弃物管理机构等，大家共同来分担责任，以减少产品在生命周期中对环境的影响。参与者影响产品系统生命周期的能力越大，付出的责任也就越大。

　　随着环境影响的压力的增加，工业界希望合作协商解决问题的愿望不断上升。在欧洲以外，复杂的联合处理包装和包装废弃物的义务是通过生产者责任方法来实现的，而成本最终转嫁到消费者身上。

　　自愿的所有受益方的分担责任方法在美国得以推广，与扩大生产者责任在欧洲的火热现象相似。正如荷兰期望的那样，欧盟和其他国家及地区也应该考虑采用分担责任的方法，同样他们也可以从澳大利亚、新西兰和荷兰推行的过程中获得很多经验。

6.3 包装生命周期的具体内容与流程

6.3.1 目标和范围的确定

这里的目标是指对生命周期评价的意图以及目的进行说明，还有对这种研究结果有可能应用在哪些领域进行预测。而研究的范围在确定之初，就要保证这种范围要与包装生命周期研究的深度以及广度相一致。这其中所包括的项目主要有系统的边界、假定的各种条件、系统的相关功能、对结果进行评议的类型、功能的相关单位、限制的条件、研究所需的报告类型以及形式、环境影响的相关类型、数据分配的程序、数据方面的要求、原始数据的质量要求等。对生命周期的评价是一个反复循环的过程，所以收集数据以及信息的时候，有可能会对已经确定过的范围进行修改，而且在一些特殊的情况下，还有可能对研究目标也加以修改。

6.3.2 清单分析

清单分析指的是对研究对象的产品本身、加工工艺以及活动的生命周期中使用资源以及能量，还有这些资源和能量对环境进行释放的过程进行量化和评价的过程。对一种产品进行生命周期的评价，要包括其所有的生命的每一个阶段，即先行收集能源以及原材料，再将这些原材进行加工使之成为可供使用的部件，然后生产和制造中间的一些产品，再将这些材料运送投入到具体的加工环节，涵盖产品的制造、销售、使用以及废弃物处理的整个过程。

6.3.3 生命周期影响评价

生命周期影响评价（LCIA）是根据清单分析过程中列出的要素对环境影响进行定性和定量分析。国际标准化组织、美国环境毒理学和化学学会以及美国环保局都倾向于将影响评价定为一个"三步走"的模型，即分类、特征化和量化。

6.4 生命周期的评价应用与局限性

6.4.1 在私人企业方面的应用

在私人企业，生命周期评价主要用于产品的比较和改进。采用生命周期评价方法对产品进行环境影响研究时，主要可应用于以下五个方面：（1）对具有相同使用功能的不同产品进行环境影响方面的比较；（2）将一种产品与一种标准的参照物进行环境影响方面的比较；（3）为产品生命周期的不同阶段寻求改善其环境影响的机会；（4）为设计开发新产品提供帮助；（5）为新产品的发展方向提供指导。

近年来，生命周期评价已广泛应用于产品战略规划、产品或工艺设计的改进决策，也被应用于评价产品或系统环境性能的优劣。典型的案例有布质和易处理婴儿尿布的比较，塑料杯和纸杯的比较，汉堡包聚苯乙烯包装纸和纸质包装盒的比较等。

6.4.2　在公共政策方面的应用

生命周期评价在政府层面主要是用于制定公共政策，尤其是在制定环境相关的标准标志时，现在不少国际组织以及国家都倾向于把生命周期的评价用于制定相关的环境标准标志。

生命周期评价还用来制定法规和刺激市场，如美国环保局在《空气清洁法修正案》中使用生命周期理论来评价不同能源方案的环境影响，还将生命周期评价用于制定污染防治政策；能源部用生命周期评价来检查托管电车使用效应。在欧洲，生命周期评价已用于欧盟制定《包装和包装法》。比利时政府 1993 年做出决定，根据环境负荷大小对包装和产品征税，其中确定环境负荷大小采用的就是生命周期评价方法。丹麦政府和企业间的一个约定中也特别包含了生命周期评价，并用 3 年时间对 10 种产品类型进行生命周期评价。

6.4.2.1　制定环境政策与建立环境产品标准

立法是减少污染物排放、保护环境的重要措施，在环境政策与立法上。许多发达国家已经借助于 LCA 制定了《面向产品的环境政策》。近年来，一些国家相继在环境立法上开始反映产品和产品系统相关联的环境影响，如美国在政府行政和立法分支机构提倡运用生命周期评价研究框架，1993 年 10 月，美国总统克林顿签署了获取回收物品以及废品控制的联邦行政命令；1995 年荷兰国家环境部门出版了一本有关荷兰产品环境政策的备忘录；丹麦也在 1996 年相应提出了一份有关以环境产品为导向的建议书。在具体行动上，德国、瑞典和荷兰建立了回收电子废弃物的系统，欧盟在 1994 年颁布了包装和包装废弃物管理指令，并在 2004 年根据各成员国的执行情况对其进行了修订，对包装进行了全过程的环境影响评价。

6.4.2.2　实施生态标志计划

从 LCA 方法学研究开始，人们就已经注意到 IEA 在环境标准中的潜在应用。生命周期评价在环境标志中的应用主要体现在环境标志标准的设定过程中。环境标志实际上可能是一个影响最为广泛的公共政策，生命周期评价已经成为实施和制定环境标志等公共政策的一个重要理论支柱。在研究的基础上，1992 年欧盟颁布了"欧盟产品生态标志计划"，到 1997 年 10 月，已有 38 类涉及 20 个制造业，共 166

个产品获得了欧盟产品生态标志。相关的国家也做了具体的研究，并出台了一些国家生态标志计划，如德国的"蓝色天使计划"、北欧的"白天鹅计划"、加拿大的"环境选择"、日本的"生态标记"、美国的"绿色印章"以及新加坡的"绿色标签"等。这些计划客观上促进了生态产品的设计、制造技术的发展，为评价和区别普通产品与生态标志产品提供了具体的指标，刺激了生态产品的消费。

6.4.2.3 国际环境管理体系的建立

产品 LCA 直接促进了国际环境管理体系的制定。国际标准化组织于 1993 年 6 月成立了 ISO/TC 907 环境管理委员会，开始起草 ISO 14000 环境管理体系标准。作为可持续发展概念实施载体的环境标准化主要涉及 6 个方面：环境评估标准、环境管理系统、LCA、环境标志、环境审核、产品环境标准。到目前为止，已制定了 20~30 个有全球性影响的技术文件和标准。

6.4.2.4 制定包装和包装废弃物管理政策

生命周期评价在包装中的应用是生命周期评价在公共政策中最突出的体现。许多国家已经对牛奶包装（纸盒、玻璃或者塑料瓶）、啤酒瓶和罐头等进行了生命周期评价，以帮助制定相关的政策。包装的生命周期评价常常引起争议，原因在于包装工业通常有很固定的经济利益，包装概念的转变，如采用铝罐代替玻璃瓶可能在很大程度上削弱了一些企业的市场活动，而扩大了另外一些企业的市场。其他一些跨国组织如欧盟委员会和世界贸易组织等也参与了这种争论，典型的例子是丹麦啤酒和牛奶包装研究以及德国饮料包装的生态评价研究（SchIllitz 等，1996）。考虑到生命周期评价的局限性，如评价阶段不是 100%客观的，因此产生上述争议并不奇怪。将来的生命周期评价方法的标准化和数据库的完善将减少这种不确定性，增加结果的有效性。

另一个引人注目的领域是欧洲有关包装废弃物管理的政策。欧盟有关包装和包装废弃物指令 94/62/EC 认为生命周期评价应该是尽可能快地完成调整，在可重复使用、可循环和可回收再生之间给出一个明确的层次。在这种情况下，欧盟委员会提供资金研究确定 LGA 用于制定政策时的效益，在可重复使用和非重复使用的包装之间以及在可循环和焚烧之间是否能确定一个明确的层次。

以前使用 LCA 制定重大政策目标的研究表明没有发现明确的层次。例如，荷兰包装盟约使用 LCA 比较在不同的产品范围使用可再充填和一次性包装的经济性，研究结果随产品类型而变化，以至于总是没有最好的结论；牛奶的可再充填包装，结果只有有限的环境利益，循环使用的包装比一次性包装的成本更高；相反，家庭重复充填系统的使用更有益，如洗涤产品。

RDC/Coopers 和 Lybrand 等在 1997 年对包装废弃物选项的研究中得出了非常

相似的结论。他们认为由于局部条件的变化，针对不同的案例进行研究的方法是非常可取的，其结论是从高水平的环境保护的观点出发，选项中的重复使用、循环或回收再生哪个更合适，在很大程度上取决于技术、材料、物流、市场、地区或局部条件。当关注包装系统时，报告的结论是从来没有发现明显的优势或绝对的"最低影响选项"，"这个层次在大多数情况下取决于非常特殊的条件。"如果这些条件不能成立，那么通用的层次也就是这种情况并不令人吃惊。在一个国家给定的包装和包装废弃物的数量和成分发生变化时，可行的基础设施和市场、环境和社会优先权等使得确定哪一个是全局最优的包装废弃物策略是不可能的，更不用说是整个欧盟了。很明显，最优的结果需要以每个案例为基础来确定，LCA更适合这种角色。使用 LCA 来建立包装和包装废弃物管理选项的层次，是通过使用 LCA 来发现局部的最优方案从而取代固定的层次。LCA 的优点是提供了一个灵活的选择，既能用于单独的包装系统，又能用于处理包装废弃物的废弃物管理系统。包装的 LCA 由设计者和生产者执行，有助于保证包装的生命周期中资源的有效使用。固体废弃物的 LCA，由废弃物管理和规划者实施，能够用于设计集成废弃物管理系统，在这个系统中任何包装废弃物都能有效处理。

尽管生命周期方法有各种不同类型的应用，但它也不是可以使用在任何情况下的工具。在下列情况下一般不使用 LCA 方法，其他的工具/方法（括号中表示的）可被使用来获得环境问题的答案：（1）特定位置（使用环境影响评价）；（2）考虑单个物质（使用物质流动分析）；（3）一个公司的环境影响（使用环境审计）；（4）单个生产过程（使用过程技术研究）；（5）风险（使用风险/冒险分析/评价）。

所以，生命周期评价的发展将会由生态标志、绿色产品以及清洁生产的发展所推动。当下，世界各国的管理部门都纷纷将对环境的关注重点从生产末端的治理以及处罚转移到生产源头对污染的控制上来。这也说明了各国现有的法律法规还无法彻底改观生产者对自然环境和公共卫生造成破坏行为，所以在今后制定环境保护相关政策时需要将生命周期评价作为其基础。可以说，对生命周期评价可以看出，现在对环境的管理已经朝着排放量最小、污染源最少、负责影响最低的方向迈进，这种趋势十分有利于环境以及资源的可持续发展战略。

6.4.3　生命周期评价的局限性

目前，全世界对生命周期分析尚无统一规定的方法和步骤来实际操作产品的生命周期分析，特别是对环境影响的分类和计算方法尚缺乏统一的计算模型。按照产品的生命周期中物流、能量的流向可确定包装产品的生命周期流程：从材料的开采、加工到制造，包装使用，可能的重复使用和再生，直到作为废弃物进入环境。

在一个研究开始之前，设定边界是重要的。研究结果在很大程度上取决于边界设定在什么地方，如果边界被改变，整个研究都将受到影响。

在边界设定之后就要收集数据，包括每一步、每一个环节的数据：原材料消耗、能耗、对空气排放物的数量和质量、液体排放物的数量和质量、固体排放物的数量和质量、制成的产品和副产品。在收集数据时，应注意明确数据的来源、时间、地点和状态，并注意数据的精确性和完整性。完整、可靠、迅速地收集包装产品生命周期的各项数据，在世界各国都不是一件容易的事。数据来源一般为工业界的统计数据，行业协会的报告、调查，有的要在实验室内做测试或模拟实验（国内外目前主要用生物耗氧量（BOD）和化学耗氧量（COD）作为环保指标），有的则依靠理论计算。

将生命周期理论应用于包装（含包装产品、包装材料和包装技术）称为包装生命周期分析方法。包装是生命周期分析方法应用最早和成果最多的领域之一。科学的 LCA 评价包装对环境的影响是非常有价值的工具，但它不是一种绝对定量的原理，因此结果必须仔细说明。分析是大的决策过程的一部分，如前所述，包装必须从一个基本的角度来评价。一个保护性能差的资源经济的包装可能更容易被否决，因为损坏的产品反过来会给环境带来更重的负担。

包装生命周期评价方法最初的应用可追溯到 1969 年美国可口可乐公司对不同饮料容器的资源消耗和环境释放所做的特征分析。该公司在考虑是否以一次性塑料瓶替代可回收玻璃瓶时，比较了两种方案的环境友好情况，肯定了前者的优越性。自此以后，LCA 方法学不断发展，现已成为一种具有广泛应用的产品环境特征分析和决策支持工具。最早的事例之一是 20 世纪 70 年代初美国国家科学基金的国家需求研究计划（RANN）。在该项目中，采用类似于清单分析的"物料—过程—产品"模型，对玻璃、聚乙烯和聚氯乙烯瓶产生的废物进行分析比较。另一个早期事例是美国国家环保局利用 LCA 方法对不同包装方案中所涉及的资源与环境影响所做的研究。

20 世纪 90 年代初期以后，由于欧洲和北美环境毒理学和化学学会（SETAC）以及欧洲生命周期评价开发促进会（SPOLD）的大力推动。LCA 方法在全球范围内得到了较大规模的应用。国际标准化组织制定和颁布了关于 LCA 的 ISO 14040 系列标准。其他一些国家（美国、荷兰、丹麦、法国等）的政府和有关国际机构，如联合国环境规划署（UNEP），也通过实施研究计划和举办培训班研究推广 LCA 方法。在亚洲，日本、韩国和印度均建立了本国的 LCA 学会。此阶段，各种具有用户友好界面的 LCA 软件和数据库纷纷推出，促进了 LCA 的全面应用。国际上许多知名企业集团的产品包装，如可口可乐包装、利乐包等都是利用了生命周期评价方法设计出的生态包装系统。美国、日本、欧盟各成员国均对包装产品进行了生命周期研究，取得了许多成果。

产品的生命周期评价只是风险评价、环境表现（行为）评价、环境审核、环境影响评价等环境管理技术中的一种，它并不是万能的。生命周期评价中的局限性主要表现在以下几个方面。

6.4.3.1　应用范围的局限性

LCA 虽然是一种比较实用的环境管理工具，但它并不是万能的，因为它不可能适用于环境管理的全部情况，所以不能仅仅依靠 LCA 来解决环境管理中遇到的所有问题。比如 LCA 对健康问题、生态环境、资源消耗等涉及环保因素的问题考虑得比较多，而对经济、技术、社会效果等方面几乎是未涉及，尤其是成本、盈利、质量、性能等因素并不在 LCA 的考虑范围之内。因此在对环境问题进行决策时，需要同时结合其他方面的因素，考虑其他方面的问题。

6.4.3.2　评估范围的局限性

LCA 的评估范围是有限的，它不可能涵盖与环境相关的全部问题。例如，LCA 只会考虑既有的环境问题，也就是说只有已经发生了的，和肯定会发生的环境问题才在它的考虑范围之内，而一些可能发生的环境问题及其所带来的风险，以及对环境问题的预防措施、应急措施却不在 LCA 的考虑范围之内。而且一些涉及环境保护的法律法规及限制也并非是 LCA 强制要考虑的内容。然而这些方面却又是企业在对环境措施进行决策时必须要涉及的。所以遇到这种情况时，就需要与其他的环境保护的管理办法相结合来进行。

6.4.3.3　评估方法的局限性

LCA 仅仅是一种管理办法，而不是一个科学的研究方法，所以它在评估时，既会含有客观的因素，也会含有主观的因素。LCA 管理办法中主观的因素会影响到决策的选择、问题的假设以及行为价值的判断，例如，如何选择计算方法、如何选择环评数据、如何确定系统边界、如何选择环境损害的种类、如何评估对环境的影响等。不管 LCA 管理办法的评估是否详尽，范围是否适当，可以肯定的是，这些评估方法中一定会有主观因素的存在。所以与自然科学中得出的信息及结论不同，这种评估的结论一定要有一个比较详细的说明或解释。这种评估方法的局限性主要集中在以下几个方面：

（1）量化模型的局限性。建立清单分析或评价环境影响的量化模型往往是很困难的，常常要做一些假定。另外，对于某些影响或应用，可能无法建立适当的模型，因此需要引入一些主观的参数去人为地量化其环境影响，其评价结果必然是因人而异的，使其客观性受到影响。

（2）权重因子的局限性。不同环境影响指标依赖于权重因子的选择和归一化处理,而权重因子的选择和归一化处理存在一些不确定因素,往往由 LCA 的实施者来自由选择和定义,这样评价结果必然会受到主观因素的影响。

(3) 检测精度的局限性。在 LCA 评价过程中,很多时候需要进行现场的检测和试验,由于仪器和方法上的局限性,同一污染源的检测结果其精度会有一些偏差。

(4) 时间和地域的局限性。时间以及地域方面的限制和影响,存在于 LCA 管理的始终,无论是评估的结果还是原始的数据,都不能幸免。因为环境的相关数据会因时间和地域的不同而有所变化,特定的评估结果也只是针对某一个地域或某一个时间段而得出的。因为产品本身就会有时间和地域上的不同,评估结果必然会受影响。

(5) ELCA 分析数据的局限性。

1) 数据来源的局限性由于在 LCA 的评价过程中涉及大量的数据,而有些数据又无法获得,有些数据的质量也无法保证,因而影响了 LCA 研究的准确性。

2) 数据分配的局限性。LCA 的清单分析是针对产品系统所有单元过程的输入和输出(原材料、能源、环境排放)进行清查和计算。然而在实际生产过程的多输入(多种原料、配料)和多输出(产品、副产品、排放物)系统、多产品系统及开环再循环过程、多子系统的系统中,进行量化数据的分配是十分困难的。尽管 ISO14041 标准给出了一些指导性的建议,但没有一个通用的方法,只能取决于实施者的选择。

3) 数据库的标准化和适用性。虽然现在世界上的很多国家已经建立起了自己的 LCA 数据库,但因各国的国情不同,遇到的具体环境问题也不同,所以这些数据库是无法通用的,其分析结论也不适用于所有国家的环境监测与管理。目前这种数据库在我国还没有真正建立起来,在很大程度上影响了 LCA 的推广和应用。

到目前为止,LCA 研究还存在一些局限性,它将或多或少地影响评价的结果,因此应该综合 LCA 研究所得的结果和其他方面的影响因素来做决策。当前对生命周期分析方法持批评态度的人不少,正如前面提到的那样,目前没有统一的、标准的方法来进行包装产品的生命周期分析,再加上数据收集量非常大,而且非常精确地收集数据相当困难,数据中也难免有不正确的,这将严重影响分析结果的正确性。另外一个问题是在包装产品再循环过程中每一级循环的产品究竟应如何分担它们所产生的环境污染,由于再循环的级别、次数不尽相同,目前还没有比较统一的计算方法和标准。总之,在生命周期分析方法中仍有许多待完善的地方。但是,有一点是肯定的,即运用包装生命周期分析的理论和观点,有助于更科学地发展和建立绿色包装物流体系。

7 各类创新包装设计应用与实践

⟫⟫

随着经济的飞速发展和人们生活水平的不断提高，为了促进商品的销售，人们一直在研究包装外观与结构。在商品同质化现象日趋严重的今天，个性化具有创新设计的包装会以强烈的视觉冲击力吸引消费者的眼球，使消费者留意、观察、赞赏并最终产生购买行为。

在一家经营20000件产品项目的普通超市里，一般消费者大约每分钟浏览30件产品。也就是说，品牌包装相当于做了5S的广告。研究表明：消费者根据包装装潢而进行购买决策的比例为36%。美国著名的包装设计公司替里莫安得公司认为，消费者一般都分不出产品与包装。对于大多数产品来说，产品即包装，包装即产品。包装是商品的影子，在缺乏参考信息或者是质量、价格大致相同的情况下，独特的包装可以吸引消费者的视线而进入消费者的选择范围。

7.1 食品创新包装设计

7.1.1 液体类食品包装

一般情况下，为了让消费者能够更加了解液体类食品的成色和产品质量，厂家会对盛装液体类食品的器具采用透明处理，消费者会用自身的经验来对食品的颜色外观进行甄别，以酒品为例，专业的品酒家可以根据酒的颜色来辨别酒的年份。所以，这类产品一般都会采用瓶罐来进行包装和储存，产品的介绍也会用贴纸或者打印的形式印刷在瓶体上。

以酒水包装为例：酒水的包装容器一般都以透明的瓶罐为主，使消费者一目了然，消费者往往以产品的颜色来判断产品的味道与新鲜程度；同时玻璃材质透明、晶莹照人，显得华丽高档。酒包装的另一大材质是陶瓷，陶瓷材质或质朴敦厚或高贵典雅，采用不同的造型，会产生各种不同的风格。玻璃瓶和易拉罐是啤酒的选择，易拉罐啤酒酒质佳、携带方便又不易被假冒；较之瓶装啤酒来说，易拉罐啤酒更适于旅行携带。酒水类的包装应具有让消费者感知的特点，所以在设计时，图形应采取抽象的、简洁的、概括的元素，色彩的选择也应比较明快，文字要素应重点突出产品的品牌名称。目前，国内市场酒类行业竞争激烈，迫使酒包装升级出新，新的技术、材料不断与酒包装结合。红酒过去大多是裸瓶销售，而今消费者对红酒的审美趋向发生了变化，在外盒、瓶形、瓶标、色彩的创新方面有了更高的要求，更加注重展卖的整体效果。木盒、异形瓶、绚丽的瓶标图案越来越多地出现在红酒包装中。目前，黄酒作为世界三大古酒之一正在崛起，越来越多的黄酒企业对产品包装进行了升级，中国文化成为黄酒最适合体现的文化内涵。人们对啤酒玻璃瓶的笨重已感到厌倦，消费市场对新型啤酒包装的需求已十分迫切。

同样，茶、饮料包装的设计要充分把握商品的准确特征、突出商品特色，增加包装的视觉冲击力。在茶、饮料的包装设计中色与形的统一、意境与色彩相得益彰、和谐是审美表现的永恒主题。从消费者的消费观念来看，往往把茶按照茶叶的品种不同而分成绿茶、红茶、乌龙茶、花茶等；还有的是根据消费者的喜好来定名的，如龙井、碧螺春等。在饮料的包装中往往是根据饮料的不同类型来划分，如碳酸型饮料、功能型饮料、果汁型饮料等。咖啡也是现代饮料的一类，咖啡这种外来品随着社会的进步和经济的发展，越来越多地被国人所接受。当前由内至外都讲究特别包装设计的新时代饮料，正逐渐风靡消费市场。饮料不再只是解渴而已，选一款包装酷炫的饮料，等于告诉大家"我是与众不同的"。包装特别的饮料给予消费者的刺激，不只限于味觉上，把它拿在手里就让人觉得时尚。了解了消费者的需要及偏好之后，在包装设计方面，就尽量配合他们的生活需求，突出产品个性，来吸引消费者目光，令消费者心动。茶、饮料的包装设计，并不是要哗众取宠，而是要能反映消费者的生活方式，使消费者产生共鸣，激发购买欲，如图7-1~图7-4所示。

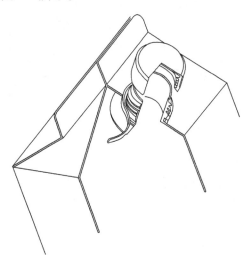

图 7-1　密封装置焊接在饮料盒盖上的创意设计图

7.1.2　固体类食品包装

固体类的食品包装种类繁多，从烘烤油炸饼干到各种糖果和土特产品，消费

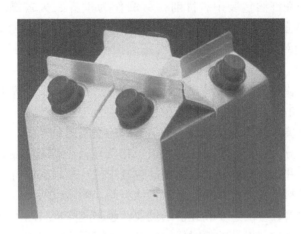

图 7-2　应用在牛奶盒上

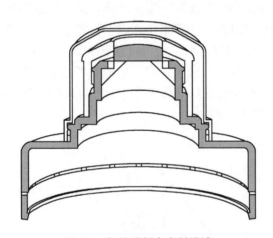

图 7-3　拉拔盖创意密封设计

对象比较广，因此包装一般为大众化的设计，其主要特点如下：

食品包装一般会采用视觉感强的画面来体现食品的健康以及绿色属性，同时还会针对食品所表现出的形象进行同比例处理，这样能更好地体现出形象辨识度，为了能更好地使消费者对购买的产品具有感知度，包装上一般会加上一些比较具有写实性的绘画图片，或者富有生活气息的抽象图形，给受众带来富有想象力的情感，激发人们的情绪，产生分享满足之乐的向往。

有些食品，如土特产、月饼等，常常被人当作礼品，所以在包装设计方面，更多地倾向于礼品包装，在信息的配置、产品形象的处理上都与一般食品包装不同，较倾向于抽象的表现手法，以及具有民族特色的色彩，如图 7-5 和图 7-6 所示。

图 7-4 应用在饮料瓶上

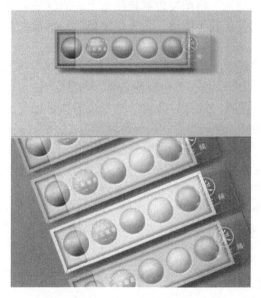

图 7-5 第七铺果食系列包装设计

7.1.3 保健食品包装

近些年人们对于保健品的喜爱和需求越来越高，设计师在设计保健品的时候比较注重他的外包装，因为外包装是人们最直接接触和看到的。保健品不光具有保健性能，同时它还能起到精神上的安慰，可以送给亲戚朋友，因此也受到了大家的追捧。

图 7-6　对比中体现系列的概念——月饼包装设计

　　由于食品是种类最繁多的商品，为迎合各种消费者的口味，食品包装设计除了以上的信息表现特征之外，还需体现各自的特色，即形象表现。虽然信息内容也有特色因素，但形象形式更有特征因素。但是特征与特色并不是一个概念。如同两份烤牛排，显然它们的特征都是牛排，但是它们各自的特色可能是一份带有辣味，而另一份是糖醋的。所谓特色就是侧重个性表现的差异性，但又不能削弱特征的典型性，它们不仅在于图形、色彩、字体等局部形象的处理，更应注意整体效果的把握。

　　食品包装的种类繁多，有油炸食品、烘烤食品、糖果、蜜饯等；调味品的包装有液体、粉末状、膏状等。这一类包装种类多、内容广泛，讲究卫生和质量。随着人们生活水平的不断提高，人们对食品、调味品的要求已经上升到注重健康、美味、营养、保健等功能。这一类商品在包装设计时要突出其美味感，要能够引起人们的食欲。为了防止变质，在包装材料的选择以及加工工艺上，都在不断地推陈出新。食品、调味品在设计表达时要表明产品的真实属性。要有鲜明的标签，图形元素要能够引起消费者的联想，色彩上要能够体现产品特点，文字排列上要清晰明确，有生产日期、净含量、保质期成分说明、使用方法等。如图 7-7 和图 7-8 所示。

图 7-7　容器的色彩和瓶贴的色彩和谐统一（明确了药品的属性）

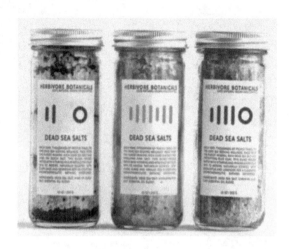

图 7-8　保健品瓶贴明用量（使用方便不造成浪费）

7.2　礼品创新包装设计

礼物进行适当的包装可以向人们传达两方面的信息，不仅包括物品本身，更重要的是能表达送礼者的心意，从而拉近感情。礼品一般体现了送礼者的面子、身份、情意，所以在设计礼物包装时要时尚、富有感情，这样消费者就不会在乎包装的成本花销。礼品包装根据礼品种类和用途等方面的不同，应在设计封面和颜色要素方面有不同要求，封面设计既要把礼品装饰好，又要体现礼品本身，表现出消费者的高雅；颜色设计根据应不同场合而定，如暖色的温馨、冷色的沉稳。有的礼品比较贵重，包装先要保护礼品本身，又要体现消费者的身份。与节日庆典相比，礼品包装在相互赠送方面应用更广泛，而且消费者更会费尽心思把礼品包装好，比如精美的手提盒会装一些精致的礼品，还可用漂亮的吊牌、色彩绚丽的彩带做装饰，这些方法能够使礼品更有价值，体现出消费者的诚意。

礼品包装不仅要注重美观性，更要注重实用性。这个过程中需要考虑到赠送好友的地理位置和距离，有些礼品需要远销到国外，所以在包装的设计上要注意当地的民族风俗、生活习惯和人们对待事物的喜好，普通大众的审美等。因此，礼品的包装更加考验一个设计师的创意性和审美，如图 7-9 和图 7-10 所示。

图 7-9　桥城甲鱼（用书法字元素设计成年味浓厚的包装）

图 7-10　冷色礼品的包装形式（清新脱俗，高贵典雅）

7.3　文化用品创新包装设计

文化用品主要有各式各样的专用纸张、美术颜料、胶带、胶水、各式各样的笔、绘图工具、墨水等，范围甚广。

笔有很多的用途，还有很多的样式，大致可分为以下几种样式和用途。（1）美术用笔：蜡笔、水彩笔、油性笔、水粉笔，这些笔的包装都是色调很强烈的并且会在外包装上配有很强的艺术性插画，这样可以很直观地看出它的用途。（2）办公用笔：水笔、圆珠笔，这些笔的包装比较轻快活泼，它的色彩有一定的现代和文化气息。（3）商务用笔：高档钢笔、圆珠笔、铅笔，这些笔的包装十分简单、大方。每种笔的用途不同，它的包装也不尽相同。

还有一些绘画材料的包装，如中国的特产——墨汁，往往运用了一些中国的绘画与书法的要素进行设计，宣纸的包装上也会运用同样的表现方法。

　　美术颜料的外包装风格与美术用水笔相近，但各种锡管包装（现在常常用塑料管代替）与瓶包装则一般设计简洁、色调明快，强调品牌与标准化的编排。

　　胶带类产品目前种类越来越多，在国外它们常常以系列的方式出现在超级市场的货架上。世界著名的"SCOCH"公司的产品包装运用了透明薄膜将产品固定在标牌上，标牌则使用了统一的色彩、辅助图形与编排等视觉要素，是这类产品包装的一个很典型的例子，如图 7-11 和图 7-12 所示。

图 7-11　专用纸张（活泼的图形元素和色彩感觉）

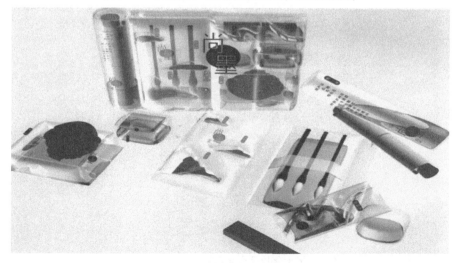

图 7-12　尚墨文房四宝系列包装

7.4　日用品创新包装设计

生活用品类的产品包装一般都是偏小型的，如家用小五金类、厨房用具、鞋子、服饰、化工产品等。一般来说，手工用具类的包装大多数采用的是吹塑压膜，或者可悬挂的包装。这些商品都比较贴近生活，因此，消费者喜欢直接看到具体的内盛物来感知产品的质量与功能。对于这类具体形象的产品，说服性的广告语一般不是最重要的。它更注重产品的品牌在包装上的构图，在设计的时候要注意品牌与产品之间的关系，不要让产品的形象遮挡住品牌的形象，也可以巧妙地把商品形象结合成包装的图形设计。如图 7-13 和图 7-14 所示。

图 7-13　护肤类化妆品给人以舒适、透气感觉

图 7-14　男士化妆品突显简洁、大方的设计风格

7.5 医药保健品创新包装设计

药品包装的内装物品是用于治疗患者，使患者恢复健康的商品，也是患者所期盼购买服用后能使身体恢复健康的灵丹妙药，患者希望通过外包装就能窥见内装商品的威力。经常有些患者看到针对他们病情的药品时，就感觉到病症已经好了一半。

这类包装要尽量简洁，应通过现代化的、疗效颇佳的、科学化的图形效果让病人有信任感和美好的心理感受。为了达到这种效果和体现，需要在包装设计上简单明了，直接将药品的功效、特性、内容更加直接地传递给消费者。

药品包装上文字的应用要特别把握信息度与准确性，文字设计的形象应给人以健康、踏实的感觉，给病人以良好的视觉形象。

包装在商品销售的过程中，传递着各种不同的商品信息，给人们的生活带来诸多的方便。医药用品是一种特殊的商品，包装设计受药品性质的限制，它的特殊性是必须重视和认真对待的。不能表现药品属性的药品包装是含糊不清的，消费者不能直接从包装上获得准确的信息，是失败的，也是非常可怕的。随着人们生活水平的提高、健康意识的增强，人们对保健品的需求量越来越大。消费者购买保健品除了自己使用外，还有一个用途就是馈赠亲友。保健品对于消费者来说并不是必须要买的，因此在包装设计时，要挖掘设计符号的象征意义，使消费者产生美好的联想和信赖。保健品包装设计分为保健食品和保健药品两大类，该类品的包装设计必须遵照相关行业标准执行。

7.6 组合包装、系列化包装创新设计

7.6.1 组合包装创新设计

包装整体设计视觉传达力的强弱，取决于组合设计水平的高低。包装的组合设计，是指以宣传主题为依据，对各种包装视觉传达要素进行秩序分明的安排和组织，使其成为完整而明快的整体，并将内在结构形式中的意义和情感迅速地传递给消费者。为了解决包装设计中的视觉创意、视觉传达、视觉导向等问题，组合是必不可少的，它使各个零散的部分最终聚合为一个有意义的新的组合体，如图 7-15 和图 7-16 所示。

包装的组合设计，是为了建立一种有序的结构，创造一种奇妙的难以言传的潜在的结构张力，从而吸引消费者的视线。

组合包装设计要求从策划到设计的全过程，都要能使消费者对商品产生深刻的印象和强烈的购买欲望。因此，只有针对包装商品的特征和消费者的整体特征进行有效的设计，才能产生预期的效果，如图 7-17 所示。为了实现理想的视觉效果，组合包装设计应遵循包装构成的准确传达（见图 7-18）、形象连贯（见图 7-19）、包装构成要素组合（见图 7-20）以及整体设计定位（见图 7-21）的原则。

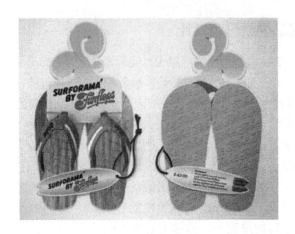

图 7-15   拖鞋组合包装一

图 7-16   拖鞋组合包装二

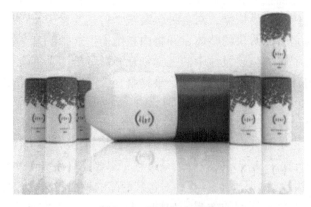

图 7-17   饮料组合包装

图 7-18 bob 水组合包装

图 7-19 啤酒组合包装一

图 7-20 啤酒组合包装二

图 7-21　双耳红酒瓶设计

7.6.2　系列化包装创新设计

系列化包装设计的主要对象是同一品牌下的系列产品、成套产品和内容相关联的组合产品，这些产品要求在统一的前提下又有区别与变化。系列化包装已经成为现代包装的一种普遍形式，在国内外的包装设计领域得到了广泛的应用。系列化包装有利于强化视觉效果，在货架上摆放的时候具有很强的视觉冲击力，可以使商品快速地树立形象，从而有利于促进商品的销售。

根据包装对象的不同，系列化包装设计可以分为以下三类：

（1）对同一品牌、不同功能的系列产品进行的系列化包装设计。系列化化妆品包装如图 7-22 所示。

（2）对同一品牌、同一主要功能，但不同辅助功能的系列产品进行的系列化包装设计。

（3）对同一品牌、同一功能，但不同配方的系列产品进行的系列化包装设计。

设计者在进行系列化包装设计时，应把握不同产品的特点，根据系列化包装的形式和特点，既发挥系列化包装设计的作用，又注重消费者对产品的区分和选择。系列化植物油包装如图 7-23 所示。

系列化包装设计常采用以下五种方法进行区分：

（1）依靠造型结构来区分。在对同一品牌同一系列的商品进行包装设计时，常采用相同的构图、颜色、文字与图形，这时候就要以包装容器的造型结构来作为划分系列化包装的手段，在设计的时候可以根据消费者对不同商品的使用方式来进行包装容器的分类制作。这种方法常用于化妆品包装设计。依靠造型结构来区分的系列化包装如图 7-24 所示。

图 7-22　系列化化妆品包装

图 7-23　系列化植物油包装

图 7-24　依靠造型结构来区分的系列化包装

（2）依靠颜色来区分。同一品牌的系列商品采用相同的图形、文字、构图等设计要素时，可以依靠颜色的变化来进行区分。在变化颜色的时候要考虑到包装内商品的属性，也就是包装的颜色要与商品的颜色配套，在进行食品类商品的包装设计时尤其要注意。这种方法常用于食品包装设计和化妆品包装设计。

（3）依靠图形来区分。当除了图形以外的其他设计要素相同时，可以依靠图形来区分系列化包装。依靠图形来区分的系列化包装如图 7-25 所示。

图 7-25　依靠图形来区分的系列化包装

（4）依靠文字来区分。同以上所说的大致相同，当除了文字以外的其他设计要素相同时，可以依靠文字来区分系列化包装。依靠文字来区分的系列化包装如图 7-26 所示。

图 7-26　依靠文字来区分的系列化包装

（5）品牌不变，依靠品牌以外的其他设计要素来区分。将品牌作为系列化商品包装的表达中心，使其保持不变，其余的设计要素，如颜色、文字、图形、造型结构等，都可以发生变化。这种类型的包装设计，构思新颖，有较强的趣味性，可以使包装具有丰富多变的特点，但是在设计的时候要注意设计要素的统一性。依靠品牌以外的其他设计要素来区分的系列化包装如图 7-27 所示。

图 7-27 依靠品牌以外的其他设计要素来区分的系列化包装

7.7 其他创新包装设计

7.7.1 多用途包装设计

多用途包装又称为可再利用的包装，是指包装内的商品用完后，包装还能移作他用，例如酒喝完之后，漂亮的酒瓶可以放在橱窗里作为装饰品，也可以用来盛放果汁。这种策略可以节约材料，降低成本，且有利于环保。同时，包装上的商标、品牌标识还可以起到广告宣传的作用。多用途包装如图 7-28 所示。

图 7-28 多用途包装

7.7.2　附赠品包装设计

附赠品包装是指利用消费者好奇和获取额外利益的心理，在包装内附赠实物或奖券，以此来吸引消费者购买。这种策略对儿童产品尤为有效，例如在儿童饮料或食品包装里放入卡片或小型玩具等。我国某企业出口的芭蕾珍珠膏，在每个包装盒内附赠珍珠别针一枚，消费者购买 50 盒就可以串成一条美丽的珍珠项链。这种包装形式使得芭蕾珍珠膏在国际市场上十分畅销。芭蕾珍珠膏附赠品包装如图 7-29 所示。

图 7-29　芭蕾珍珠膏附赠品包装

7.7.3　等级包装设计

等级包装又称为多层次包装，是指将企业的产品分成若干等级，对不同等级的产品采用不同的包装，使包装的风格与产品的质量和价值相称，以满足消费者不同层次的需求。例如，对送礼的商品和家用的商品采用不同的包装，可以显示出商品的特点，易于形成系列化商品，便于消费者选择和购买。采用这种策略时，设计成本一般较高。家用月饼包装和礼品月饼包装如图 7-30 和图 7-31 所示。

7.7.4　绿色包装

绿色包装又称为生态包装，是指包装材料可重复利用或可再生，例如，以前河南用稻草包装瓷器，江浙地区用竹叶包装粮食，这类包装都属于绿色包装。随着环境保护浪潮的冲击，消费者的环保意识日益增强，绿色营销已经成为当今企业营销的新主流。而与绿色营销相适应的绿色包装也成为当今世界包装发展的潮

图 7-30 家用月饼包装

图 7-31 礼盒月饼包装

流。实施绿色包装策略，有利于保护环境，且易于得到消费者的认同。绿色包装
如图 7-32 所示。

7.7.5 改变包装

改变包装又称为改进包装，是指企业产品的包装要适应市场的变化，要随着
市场的变化不断改进。当一种包装形式使用时间过长或产品销路不畅时，可以考
虑改变包装设计、包装材料，使用新的包装，使消费者产生新鲜感，从而促进产
品的销售。2012 年奥运会前的可口可乐包装和 2012 年奥运会可口可乐包装如图
7-33 和图 7-34 所示。

图 7-32 绿色包装

图 7-33 2012 年奥运会前的可口可乐包装

7.7.6 POP 包装

POP 包装是一种广告式商品销售包装，多陈列于商品销售点，是一种有效的现场广告手段。POP 包装大多采用展开式折叠纸盒的形式，在盒盖的外面印有精心构思的图案，打开盒盖，能瞬间引起消费者的注意，具有较强的立体感和趣味性。POP 包装如图 7-35 所示。

图 7-34 2012 年奥运会可口可乐包装

图 7-35 POP 包装

参 考 文 献

[1] Karen Chen. 字体设计的规则与艺术 [M]. 北京：人民邮电出版社，2014.

[2] 陈昌杰. 绿色包装技术及其典型案例 [M]. 北京：化学工业出版社，2008.

[3] 李丽，仁义. 包装设计 [M]. 北京：机械工业出版社，2016.

[4] 李宁，董莉莉. 包装设计 [M]. 北京：清华大学出版社，2017.

[5] 刘秀伟. 挺近零包装 [M]. 北京：化工工业出版社，2012.

[6] 孙诚. 包装结构设计 [M]. 北京：中国轻工业出版社，2008.

[7] 王桂英，温慧颖. 绿色包装 [M]. 哈尔滨：东北林业大学出版社，2016.

[8] 武军，李和平. 绿色包装 [M]. 北京：化学工业出版社，2007.

[9] 肖生岑，李琛. 植物纤维绿色包装材料研究 [M]. 北京：科学出版社，2016.

[10] 朱国勤，吴飞飞. 包装设计 [M]. 上海：上海人民美术出版社，2016.

[11] 陈健，孔振武，吴国民，储富祥. 天然植物纤维增强环氧树脂复合材料研究进展 [J].
生物质化学工程，2010，44（5）：53~59.

[12] 戴宏民，戴佩华，周均. 碳减排与绿色包装 [J]. 包装学报，2010，2（2）：48~51.

[13] 戴宏民，戴佩华. 绿色包装材料的研发进展和我国的发展对策 [J]. 包装工程，2004
（6）：4~7.

[14] 段碧丽. 基于消费者心理体验的个性化包装设计研究 [J]. 艺术与设计（理论），2018，
2（5）：38~40.

[15] 付振喜，牛淑梅，王振华. 包装生命周期评价标准现状 [J]. 中国包装工业，2012
（13）：3~4.

[16] 高德，周建伟，张萍，王振林. 植物秸杆绿色包装材料的研究现状与发展前景 [J]. 包
装工程，2008，29（12）：30~34.

[17] 龚修端，刘昕. 印后加工的现状与发展前景 [J]. 今日印刷，2003（7）：2~5.

[18] 何蕊. 基于有机形态的包装容器造型设计研究 [J]. 包装工程，2014，35（18）：
108~111.

[19] 靳贞来，靳宇恒. 国外秸秆利用经验借鉴与中国发展路径选择 [J]. 世界农业，2015
（5）：129~132.

[20] 孔凡真. 低碳革命、低碳经济、低碳包装，具有很强的时代针对性 [J]. 湖南包装，
2012（3）：16~19.

[21] 李毕忠，李泽国，阳文，等. 食品活性包装用抗菌材料技术进展 [J]. 中国塑料，2012，
26（3）：10~16.

[22] 刘金花，张蕾. 植物纤维在可降解包装材料中的研究进展 [J]. 包装工程，2008，29
（12）：267~269.

[23] 刘无畏. 发展包装 保护环境 [J]. 中国包装，2000（1）：10~13.

[24] 刘小静，江建国，王云景，等. 基于包装废弃物调查的绿色包装建议 [J]. 包装工程，
2007（10）：145~148.

[25] 芦涛，沈烈，方征平. 马来酸酐接枝聚乙烯对高密度聚乙烯/木粉发泡材料泡孔形态及
力学性能的影响 [J]. 高分子材料科学与工程，2010，26（3）：27~30.

[26] 马金涛.印后加工技术对包装印刷产业的影响 [J].中国印刷,2014 (8):76~80.

[27] 潘亚东,马君,孙大明.黑龙江省农作物秸秆资源综合利用现状和建议 [J].农机化研究,2014,36 (11):253~257.

[28] 任宪姝,霍李江.生命周期评价在印刷与包装领域的应用研究进展 [J].包装工程,2008 (10):217~219,231.

[29] 史正.浅谈探索低碳经济中低碳包装的发展方向 [J].包装世界,2011 (5):8~9,11.

[30] 宋湛谦.构建秸秆高效利用体系 实现秸秆利用全产业链 [J].科技导报,2015,33 (4):1.

[31] 孙彬,张楠,崔昌龙,等.黑龙江省作物秸秆综合利用现状、存在问题与发展建议[J].安徽农业科学,2015,43 (6):238~239.

[32] 佟思宇.黑龙江秸秆综合利用发展现状及远景 [J].农机科技推广,2014 (8):39,42.

[33] 王本翠,彭波,刘正霞,等.中草药保鲜纸对小白菜保鲜效果的影响 [J].青岛农业大学学报(自然科学版),2009,26 (3):215~217,221.

[34] 王正,张桂兰,高黎,等.木基发泡复合材料微观构造及性能研究 [J].北京林业大学学报,2007 (3):154~158.

[35] 魏颖艳.绿色理念环境下的现代包装设计 [J].甘肃高师学报,2013,18 (6):58~60.

[36] 吴焜,李林.当代包装设计发展趋势研究 [J].艺术教育,2018 (9):173~174.

[37] 吴伟,陶德良,贺全国.绿色包装材料和技术的应用及展望 [J].包装工程,2007 (3):30~33,41.

[38] 吴忠红,马晓芬,张婷,等.二氧化硫保鲜纸对无核白葡萄果实采后品质的影响 [J].新疆农业科学,2014,51 (8):1512~1518.

[39] 向贤伟.加强包装环境科学技术教育,发展绿色包装 [J].包装工程,2003 (6):165~166.

[40] 鑫闻.我国金属包装行业发展机遇和前景 [N].中国包装报,2010-06-11 (004).

[41] 徐勇,勇强,余世袁.构建秸秆高效综合利用体系的对策与措施——以江苏省为例[J].生物质化学工程,2013,47 (3):11~16.

[42] 许文才,付亚波,李东立,等.食品活性包装与智能标签的研究及应用进展 [J].包装工程,2015,36 (5):1~10,15.

[43] 薛荣久.如何跨越绿色贸易壁垒 [J].国际贸易问题,2002 (12):20~23.

[44] 翟玉华.二氧化硫释放剂保鲜葡萄 [J].食品科学,1985 (6):38~42.

[45] 詹艳.绿色包装:各国法制新进展及对我国立法的思考 [J].包装学报,2010,2 (2):52~55.

[46] 张爱雷.浅谈金属包装的发展出路 [J].中国高新技术企业,2014 (23):9~10.

[47] 张利丽.和谐社会构建思想下的绿色包装实现 [J].包装工程,2009,30 (9):209~211.

[48] 张曙光.文字在包装设计中的作用 [J].文艺争鸣,2010 (22):156~158.

[49] 张燕文.国际绿色包装法制化对我国包装业的影响 [J].中国包装工业,2005 (10):31~33.

［50］赵夕 . 低碳经济下快递包装物回收再利用问题及对策［J］. 南方农机，2016，47（3）：
　　　81，83.

［51］钟华平，岳燕珍，樊江文 . 中国作物秸秆资源及其利用［J］. 资源科学，2003（4）：
　　　62~67.

［52］周世铭 . 图形动态化包装设计在新媒体背景下的应用探析［J］. 艺术科技，2016，29
　　　（12）：232.

［53］周仲凡，梁占彬，李娜，等 . 包装废弃物的污染控制［J］. 中国包装，2000（1）：
　　　14~17.

［54］朱和平，曾克俭 . 包装容器结构设计合理性探讨［J］. 湖南工业大学学报，2007（2）：
　　　5~7.